A GEOESTRATÉGIA DA NATUREZA

CB020431

Do Autor:

A Ruptura do Meio Ambiente

A Geoestratégia da Natureza

Luís Henrique Ramos de Camargo

A GEOESTRATÉGIA DA NATUREZA

A Geografia da Complexidade
e a Resistência à Possível Mudança
do Padrão Ambiental Planetário

BERTRAND BRASIL

Rio de Janeiro | 2012

Copyright © 2012, Luís Henrique Ramos de Camargo

Capa: Leonardo Carvalho

Editoração: DFL

Texto revisado segundo o novo
Acordo Ortográfico da Língua Portuguesa

2012
Impresso no Brasil
Printed in Brazil

CIP-Brasil. Catalogação na fonte
Sindicato Nacional dos Editores de Livros – RJ

C179g   Camargo, Luís Henrique Ramos de, 1964-
          A geoestratégia da natureza: a geografia da complexidade e a
        resistência à possível mudança do padrão ambiental planetário/
        Luís Henrique Ramos de Camargo. — Rio de Janeiro: Bertrand
        Brasil, 2012
            240p.: il.; 21 cm

            Inclui bibliografia
            ISBN 978-85-286-1548-7

            1. Geociências. 2. Geografia ambiental. 3. Mudanças
        climáticas. I. Título.
                                                    CDD – 560
        032544   CDU – 56

Todos os direitos reservados pela:
EDITORA BERTRAND BRASIL LTDA.
Rua Argentina, 171 — 2º andar — São Cristóvão
20921-380 — Rio de Janeiro — RJ
Tel.: (0xx21) 2585-2070 — Fax: (0xx21) 2585-2087

Não é permitida a reprodução total ou parcial desta obra, por
quaisquer meios, sem a prévia autorização por escrito da Editora.

Atendimento e venda direta ao leitor:
mdireto@record.com.br ou (21) 2585-2002.
Impressão: MARKGRAPH - RJ

"Embora ninguém possa voltar atrás e fazer um novo começo, qualquer um pode começar agora e fazer um novo fim."

Chico Xavier

Agradecimento especial à leitura feita por Vanessinha Morimoto; à paciência de meu editor, Rafael; aos professores doutores Antonio José Teixeira Guerra e Ivaldo; aos professores da FEUC; e, sobretudo, ao professor Luiz Mendes e a todos os estagiários da UERJ-Caxias que me ajudaram no projeto A Geopolítica da Natureza.

Dedico este livro às pessoas que marcaram profundamente minha existência terrena. Meu mestre maior, professor Petrus Maria Vlasman; minha mãe, Maria Camargo; e meus talentosos filhos, Paulinho e Tainá. E à memória de Paulo Camargo e de João Gabriel Camargo.

Viva a família *Camargo*, que traz dentro de si o verbo amar!

SUMÁRIO

INTRODUÇÃO

Este livro dedica-se a três questões de fundamental importância para nossa sociedade atual: entender os erros conceituais da ciência clássica que inundam nosso imaginário da realidade em relação às questões do meio ambiente; oferecer ao leitor uma alternativa a esse modelo de ciência a partir dos postulados posteriores ao advento da mecânica quântica; e, por fim, propor um processo de gestão socioambiental que permita combater o que acreditamos ser a base dos problemas ambientais do planeta.

Ao discutirmos as teorias surgidas com o pensamento quântico, pretendemos demonstrar como a ciência oficial, ainda presa ao paradigma cartesiano-newtoniano, não é realmente capaz de responder à atual demanda dos problemas ambientais que têm assombrado nossos dias.

No entanto, por que caminhar nesse sentido? A resposta a essa pergunta é bem simples: atualmente, eventos catastróficos têm atingido diversas sociedades que habitam a superfície da Terra, e a ciência de plantão, ainda presa ao imaginário ambiental dos séculos XVI e XVII, não consegue responder a essas questões de forma clara e precisa.

Acreditamos, por comprovação teórica e experimental, que os postulados clássicos possuem elementos por demais afastados do que de fato é a natureza. Questões como a previsibilidade lincar e a fragmentação são alguns dos exemplos que comprometem a

verdade. A natureza, a partir de dados empíricos, tem se demonstrado auto-organizada, portanto, imprevisível em certa escala e totalmente interconectada.

A perspectiva encontrada na previsibilidade linear compromete a realidade ao defender que o aumento da temperatura do planeta se relaciona diretamente com o aumento da emissão dos gases estufa na atmosfera. Assim, para eliminar ou amenizar esse problema, basta planejar a diminuição das emissões ao longo do tempo. Essa perspectiva, porém, além de esbarrar em grandes interesses econômico-produtivos, pode não ser a real solução dos problemas do planeta, pois a Terra, por ser um grande sistema auto-organizado, possui forte teor de imprevisibilidade e de diacronia.

Esses problemas certamente não se resolverão apenas com a ação dos líderes mundiais, mas com a participação coletiva, pois a solução para as questões ambientais passa, na verdade, pela atuação de todos, uma vez que somos um planeta que funciona de forma interconectada.

Na realidade, é necessária uma nova postura, que deve romper com a falsa ideia de classes e de verticalidade que limita nosso imaginário social. Este livro tem como objetivo, assim, demonstrar que só a grande atuação da sociedade pode gerar uma nova proposição sistêmica que evite a provável ruptura do meio ambiente, ou seja, o rompimento do atual padrão de organização planetária ambiental-geológico. Esse processo, natural e que tende a ocorrer espaçotemporalmente ao longo da história do planeta, pode estar sendo antecipado por causa do modo como nossa sociedade se relaciona com seu entorno.

Por isso, este livro apresentará a explicação do que é o espaço-tempo e como ele se desenvolve a partir das teorias do campo sistêmico. Pretendemos, assim, desenvolver uma teoria que explique a evolução do planeta com base em sua totalização constante e irreversível.

Nesse sentido, ao conhecermos como ocorre o mecanismo de evolução sistêmico do planeta, desenvolveremos uma solução socioeconômica que visa diminuir as trocas sistêmicas dos geossistemas.

Este livro pretende, portanto, trazer uma alternativa a esse problema por meio de uma nova proposta de entendimento da realidade: a compreensão sistêmica, em que sociedade e natureza se dispõem de forma integrada, o projeto A Geopolítica da Natureza.

PRIMEIRA PARTE

Alteração do padrão ambiental ou aquecimento global?

Capítulo 1

Embasamento teórico: a visão clássica e a visão sistêmico-quântica

"A geografia não é humana nem é física, a geografia é da humanidade."

Milton Santos

1. O pensamento clássico — como é o universo cartesiano-newtoniano

Esta seção do livro propõe uma comparação entre o paradigma cartesiano-newtoniano-baconiano e o paradigma sistêmico-quântico. Objetivo, com esse cotejamento, verificar como o paradigma clássico, gerado pela ciência dos séculos XVI e XVII, apresenta inúmeras falhas na compreensão da realidade ambiental. De nada adiantaria, porém, um debate maniqueísta acusando ortodoxamente o pensamento cartesiano-newtoniano de todos os males da humanidade; seria inoportuno, desigual e carregado de preconceito. Pretendo, no entanto, explicar por que essa forma de pensar não pode mais continuar sendo a lógica dominante.

Gostaria de demonstrar teoricamente por que devemos mudar nossas atitudes, nossa forma de ver as coisas, nossas relações com o próximo e com o nosso ambiente. Por essas e outras razões, penso ser perda de tempo iniciar um debate no qual defenderia o pensamento sistêmico-quântico remetendo à ciência clássica como se

esta fosse um demônio. Entendo que começar um debate maniqueísta, que põe o bem contra o mal, o certo contra o errado, seria um absurdo. Isaac Newton (1642-1727) lançou seus principais postulados no livro *Princípios matemáticos da filosofia natural* (*Principia*) no dia 5 de julho de 1687, portanto, no século XVII, e hoje estamos em pleno século XXI. O problema é que, por diferentes razões, que incluem a leitura de Newton pelo iluminismo e pelo positivismo, esses postulados se tornaram uma metáfora social (Camargo, 2005).

Sabemos, por exemplo, que esse modelo de ciência levou o homem moderno a um patamar de crescimento tecnológico exponencial jamais visto; contudo, esse modelo de realidade, associado a seu sistema econômico, também gerou muita fome, muita desigualdade e muita miséria.

Tal modelo, no entanto, não é apenas uma doutrina científica e econômica; é uma forma de ver o mundo, o universo. Ocorre que, por influência dessa maneira de perceber a realidade, alguns erros gritantes são cometidos, podendo trazer graves consequências para a espécie humana.

Nossa sociedade, embebida da física social de Comte (1798-1857), originada dos postulados newtoniano-cartesianos, e da ciência clássica, recebeu ao longo dos últimos séculos a mensagem de uma natureza linear, mecânica e extremamente pobre em sua criatividade; quase subserviente aos desígnios humanos.

Esse imaginário da realidade, linear e fragmentado, acabou gerando percepções distorcidas: vemos a atmosfera e não percebemos sua intrínseca interconectividade que ocorre em diferentes escalas com todos os outros elementos constituintes de sua totalidade, como a vegetação e os solos, entre outras variáveis (Moreira, 1993).

Segundo essa perspectiva, vemos a natureza por suas partes; por exemplo, a atmosfera, o solo e a vegetação seriam apenas

fragmentos do todo que existem dentro de um espaço com as características de ser fixo e imutável, palco das ações, assim como Newton definia o espaço absoluto em seu *Principia* (Moreira, 1993; Camargo, 1999, 2005).

Ocorre, porém, que essa lógica é o próprio imaginário da realidade e, por isso, norteia as ações tomadas pelos grandes líderes e cientistas do mundo em suas conferências e ações políticas.

Na verdade, assim como esses congressos, as políticas públicas para o meio ambiente também se guiam por esse imaginário fragmentado e nada sistêmico. Nesse sentido, as políticas econômicas capitalistas são fragmentadas, sem perceber a total interconectividade das ações humanas sobre o meio natural, e seus responsáveis se perdem imaginando que sua política ecológica neoliberal pode ainda definir os rumos da natureza (Camargo, 2007).

Como as políticas ecológicas não se fundamentam nos paradigmas encontrados na ecologia política sistêmica, acabam cedendo às políticas econômicas que consideram a natureza um objeto. A materialização desse erro conceitual aparece na paisagem geográfica que vemos a cada dia: valões em vez de rios, hidroelétricas e seus lagos artificiais em vez de respeito às comunidades que antes ali viviam em harmonia com seu meio.

Dado que o capitalismo nasceu em comunhão dialética com a revolução técnico-científica dos séculos XVI e XVII, de teor cartesiano-newtoniano, suas políticas reproduzem seus erros conceituais. A natureza, considerada subserviente ao homem, acaba também se transformando em parte, em fragmento do todo, e, assim, é analisada como um pedaço desconectado.

O surgimento do paradigma clássico ocorre, de fato, em paralelo ao próprio desenvolvimento do sistema econômico capitalista, e ambos se alimentam mutuamente. Portanto, a forma de pensar a natureza cartesiana-newtoniana é a própria ideologia capitalista que, ao longo dos séculos, vem se apropriando do meio natural, usando-o como se este fosse um objeto inerte cuja função é servir a humanidade.

A ciência clássica é a ciência do capitalismo, e, como esse sistema econômico é também uma ideologia, é comum o fato de os líderes globais desenvolverem políticas públicas que separam o homem de seu meio natural.

O que não se entende é que a natureza, assim como todo espaço geográfico, está em constante evolução por aumento de complexidade e que cada elemento do planeta interfere conjuntamente nessa caminhada rumo a uma nova organização sistêmica das variáveis planetárias (Camargo, 2005).

De nada adiantam políticas públicas verticais, em que o Estado dita as regras, pois, como tudo e todos estão interconectados com o grande sistema Terra, cada um, cada comunidade é responsável pela dinâmica evolutiva do planeta.

Vivemos em uma incrível e dialética relação em que o homem e a natureza evoluem conjuntamente por aumento de complexidade, como mencionado. Contudo, em virtude de nosso imaginário da realidade, ainda ligado à estrutura da ciência clássica, compreendemos a natureza como um fragmento, similar a uma máquina composta de várias partes.

Essa metáfora também atinge nossa visão a respeito do próprio ser humano, e isso ocorre quando cremos que somos formados por vários aparelhos, como o respiratório, o digestivo, entre outros, e tratamos nossos subsistemas internos como se não fossem componentes de uma intrincada rede de relações sistêmicas. É por isso que hoje, consciente de sua falha, a medicina ocidental se aproxima das práticas orientais.

Outra ciência que vem cambiando suas práticas e assim fugindo da lógica cartesiana-newtoniana é a administração de empresas. A administração, que teve em Frederick Taylor (1856-1915) um de seus idealizadores, caracterizava-se pela ênfase em uma estrutura organizacional fragmentada, baseada no método

cartesiano, e pela visão mecânica do *Homo economicus*, que exigia a máxima eficiência do processo produtivo, pois, para Taylor, exigir a eficiência máxima do trabalhador em prol dos benefícios da empresa justificaria sua estafa. A ideia do *Homo economicus* do século XIX estava ligada a uma lógica produtiva capitalista que verificava na produtividade e na lucratividade a essência do processo, mesmo que isso transformasse o homem em máquina (Araújo, 2009).

No mesmo sentido, Henri Fayol (1841-1925), que pregava mais bom-senso nas relações empresariais com o trabalhador, considerava a empresa um todo fragmentado, cujas parcelas deveriam ser analisadas individualmente, verificando suas potencialidades e dificuldades; pensava, portanto, a empresa de cima para baixo, hierarquicamente. Esse processo, que usava o método cartesiano, seria o embrião da visão sistêmica para a empresa, pois Fayol, de forma diferente de Taylor, pregava, por exemplo, a união das equipes e a comunicação horizontal entre os setores. Seu método seria, assim, o embrião da Teoria Geral da Administração, criada a partir da Teoria Geral dos Sistemas de Bertalanffy (1968) (Araújo, 2009).[1]

Isso demonstra como uma ciência, ainda que hegemônica, pode gerar diferentes visões. Não pode, contudo, impedir a chegada do novo. Araújo (2009), por exemplo, verifica que o exagero do processo de ênfase nas relações humanas acabou criando espaço para uma administração que mais tarde compreenderia a verificação da incerteza nos parâmetros de análise dos administradores. Isso é

---

[1] O famoso Henri Ford (1863-1947) também utilizou a metáfora cartesiana na busca da eficiência produtiva do processo industrial, em que cada trabalhador possuía uma função definida e a produção se dava em sua totalidade. Henri Ford praticava a produção e a montagem em série buscando o consumo e a produção de automóveis em menos tempo e com custo menor (Araújo, 2009).

prova de que o paradigma clássico cede espaço para a realidade, que se demonstra imprevisível e incerta em virtude da grande conjunção de diferentes variáveis nos mecanismos sistêmicos, assim como descrito nas teorias posteriores ao advento da mecânica quântica (Araújo, 2009; Camargo, 2005).

2. Nosso imaginário e a visão cartesiano-newtoniana

A herança cartesiano-newtoniana em nosso imaginário se materializa quando vemos o universo como um sistema previsível e estável, em que os objetos descrevem trajetórias lineares e coerentes com o esperado. Nesse sentido, entendemos esses objetos como partes isoladas, localizadas em um espaço tridimensional que funciona como uma caixa vazia.

Nesse espaço, considerado por Newton igual em todos os lugares — portanto, absoluto —, nenhuma influência externa interfere nas trajetórias esperadas; por isso vivemos a certeza do amanhã. No entanto, quando fenômenos como um tsunami ou grandes movimentos tectônicos ocorrem de forma inesperada, entramos em desespero e tendemos a pensar que a natureza está louca.

3. A abordagem sistêmico-quântica

O objetivo desta seção é fornecer ao leitor base teórica para compreender melhor como funcionam os mecanismos inerentes à natureza a partir do paradigma sistêmico-quântico.

Esses conceitos e teorias já foram expostos em outros trabalhos que desenvolvi ao longo dos últimos anos (Camargo, 2002, 2003, 2005, 2007). Contudo, de forma mais didática e democrática, tentarei explicá-los tornando-os mais acessíveis e mais apropriados à

compreensão de qualquer leitor; trata-se, afinal, de uma novidade muito necessária em nossos dias.

O advento da física quântica e, sobretudo, de sua filosofia foi fundamental para a reestruturação da leitura social e também para a revolução do método científico que está em vias de desenvolvimento. Questões como o princípio da incerteza e a interconectividade, por exemplo, são fundamentais para compreendermos os gritantes erros que permeiam nosso imaginário da realidade, ainda moldado pelos princípios cartesiano-newtonianos.

4. Teorias e conceitos fundamentais

O conceito de totalidade

Para o paradigma clássico, a totalidade é constituída pelo simples somatório de suas partes. Isso decorre da sincronia perfeita proporcionada pela parte interna das máquinas encontradas nos séculos XVI e XVII.

Nesse sentido, Descartes se encantava com os grandes relógios de sua época e com seu movimento interno sincrônico, e assim criou várias metáforas que consideravam todos os seres vivos grandes máquinas sincrônicas.

No interior dessas máquinas, cada parte isolada possuía função própria, e, se um elemento específico apresentasse defeito, poderia ser substituído, recuperando o funcionamento da máquina (totalidade). Por isso a coerência de pensar o todo como simples somatório de suas partes. Sabemos, porém, que, na verdade, quando substituímos alguma peça interna, seja de um carro, seja de qualquer máquina, seu desempenho também é alterado, pois todo sistema é uma totalidade indivisível (Bohm, 1980), em que os princípios que o estruturam compõem a lógica de seu movimento, e, portanto, ao se alterar qualquer parte interna de uma máquina, altera-se também seu desempenho.

Dessa forma, o advento das teorias posteriores à mecânica quântica demonstra que a evolução de qualquer totalidade se relaciona com o aumento de sua complexidade interna por sintropia. Por isso a totalidade deve sempre ser considerada superior ao somatório de suas partes, pois está em constante construção sistêmica.

Santos (1997) observa que a totalidade de B não é a soma dos componentes de A, que seriam A_1, A_2, A_3 e assim por diante, até porque A é infinito. B, por sua vez, é uma plataforma superior a A, ou seja, é fruto da sinergia dos componentes de A que encontraram seu processo de evolução rumo a B.

De acordo com essa hipótese, sistemas abertos tendem, por sua complexidade, a estados superiores de organização, isto é, podem passar de um estado inferior de ordem-desordem para um estado superior de organização. Isso ocorre em virtude das condições internas do sistema, ou seja, da organização de suas estruturas interconectadas após sofrer flutuações e encontrar espaçotemporalmente seu estado de criticalidade (Bertalanffy, 1968).

Segundo Santos (1997b), o espaço geográfico é a própria totalidade que evolui diacronicamente em constante totalização.

A totalização

A totalização é um processo que se desenvolve quando uma totalidade evolui e se transforma em outra totalidade (Santos, 1997). Isso ocorre quando percebemos que a totalidade é sempre superior ao somatório de suas partes, e, assim, a evolução por autoorganização possibilita esse mecanismo de mudança que se dinamiza pelo processo de totalização.

Segundo Massey (2009), o espaço geográfico é aberto e interacional, por isso está em permanente evolução (totalização).

Ele é um produto de relações, o que propõe uma multiplicidade de interações. Por isso se torna um espaço de resultados imprevisíveis. Para que o futuro seja aberto, o espaço também o deve ser.

Mesmo assim, no caso da ciência geográfica, grande parcela dos trabalhos ainda se prende ao conceito newtoniano de espaço absoluto, em que a totalidade sempre é constituída pelo somatório de suas partes, e, pior, como em geral esse é o imaginário da realidade de grande parcela dos cientistas que se apropriam desse modelo geográfico, diferentes metodologias como dos EIA-Rima, dos diagnósticos ambientais ou a própria utilização geográfica dos geossistemas e do geoprocessamento acabam por também trabalhar com essa ideia.

Nesses casos, a totalização inexiste, ou seja, a evolução não se verifica. Aqui, nesses exemplos, o espaço é em si apenas tridimensional, similar a um palco em que atores atuam. Esse é o espaço absoluto.

Para se perceber a totalização, verifica-se o espaço-tempo quadridimensional como aprendera Einstein com seu mestre Minkowski (1864-1909). A totalidade em constante totalização é um fenômeno que decorre da junção de variáveis no tempo e no espaço, ou melhor, no espaço-tempo.

A natureza nos dá essa noção de fácil percepção quando vemos um escoamento superficial que tem sua trajetória determinada pelas variáveis que compõem a própria encosta. Vegetação ou sua ausência, determinado tipo de solo, entre outros elementos, vão qualificar o tempo em que esses fenômenos acontecerão por auto-organização sistêmica (Guerra e Camargo, 2007). No entanto, se essa mesma encosta estiver a serviço do homem em processos agrícolas ou de pastagem, o tempo de formação de ravinas ou de voçorocas será outro, mostrando como o homem é um diferencial na organização sistêmica do espaço-tempo do planeta, ou seja, na totalização (Drew, 1994).

Padrão

Uma totalidade é sempre representação de um padrão específico, e o que define um padrão é seu conjunto de variáveis. Exemplo clássico é a verificação de que cada período ou era geológica é em si uma determinada formação ecológico-geológica em que o arranjo de seus elementos é único, ou seja, um determinado conjunto possui certo número de componentes e organização própria que não se repete.

Nesse sentido, uma era ou um período geológico é em si uma teia indissociável de relações que forma determinado padrão constituído de variáveis específicas (Capra, 1996; Camargo, 2003, 2005; Guerra e Camargo, 2007).

Sabe-se, por exemplo, que, na época dos dinossauros, como os processos vulcânicos eram muito intensos, havia também uma combinação atmosférica muito diferente da de nossos dias, pois o gás metano era abundante. Assim, a combinação atmosférica apresentava outro padrão de organização, diferente dos atuais.

A mudança de padrão ocorre quando efetivamente acontece uma ruptura radical de todo o sistema composto de diferentes e diversos subsistemas que entram em processo de totalização.

Em nossos dias, a combinação que envolve o nitrogênio, o oxigênio e outros gases se estabiliza relativamente desde o início do holoceno do Quaternário. A ruptura do meio ambiente seria o rompimento desse padrão atmosférico e de todos os outros padrões internos que mantêm o equilíbrio dinâmico do atual padrão.

Teoria do Equilíbrio Dinâmico

Como os sistemas estão sempre buscando novo estado de ordenamento, quando se atinge uma determinada ordem, esta será

sempre dinâmica, pois o conjunto estará submetido a fluxos constantes internos e externos. Assim, entendemos que o equilíbrio e o estado de ordem são sempre espaçotemporalmente relativos ao modo de organização desse conjunto, ou seja, à forma como se dispõe seu conjunto de variáveis.

No caso, por ser um sistema aberto e receber fluxos externos constantes, o estado de ordem é sucedido pela desordem sistêmica (Morin, 1977; Camargo, 2005); a partir da desordem, surge uma nova organização e um relativo estado de ordem, fruto do aumento de complexidade a que esse sistema foi submetido.

O equilíbrio dinâmico diferencia-se do equilíbrio final, pois no último cessam as atividades e o sistema entra em estado de inércia. Isso jamais ocorre em um sistema dinâmico, pois as atividades nunca cessam; são radicalmente alteradas em sua organização ou sofrem pequenas alterações em busca do reequilíbrio (Camargo, 2005).

A Teoria do Equilíbrio Dinâmico encontra-se estreitamente associada tanto à Teoria Geral dos Sistemas quanto às teorias do campo da auto-organização. Essa relação está no teor dos fluxos de energia e matéria que disponibilizam mudanças nos sistemas para a manutenção de seu equilíbrio e na base do autoajuste ou do ponto de criticalidade auto-organizada, sendo também o princípio básico da Teoria Geral dos Sistemas.

Para Christofoletti (1980), a Teoria do Equilíbrio Dinâmico estabelece que o modelado terrestre, sendo um sistema aberto, mantém constante permuta entre a matéria e a energia que circulam em seu meio ambiente interno e externo.

A lógica sistêmica do espaço-tempo

Podemos aplicar a ideia de sistema a quase tudo o que existe e é complexo e organizado. Por sistema podemos entender um

conjunto de elementos quaisquer ligados entre si por cadeias de relações de modo que constitua um todo organizado (Maciel, 1974; Camargo, 2005).

Drew (1994) define sistema como um conjunto de componentes ligados por fluxos de energia e funcionando como unidade. Por isso, para conhecer um sistema, devemos observar como se efetivam suas inter-relações tanto internas quanto externas, entendendo que todo sistema, por possuir diferentes variáveis, está também ligado à possibilidade de, por auto-organização, gerar diferentes combinações e resultados. O mundo das interconectividades é o mundo das possibilidades, pois a junção de variáveis em um sistema em totalização pode, por probabilidade, gerar inúmeras respostas, incluindo as imprevisíveis.

Nesse sentido, um sistema é em si um elemento que, em virtude de sua interação interna e externa (com outros sistemas), evolui diacronicamente, trazendo a possibilidade de ocorrência de fenômenos não lineares e, por isso, descontínuos.

Um sistema em si é uma totalidade que entra em totalização constante na busca do equilíbrio ou da ordem. É o percurso descontínuo, em que a desordem é a gênese de uma nova ordem. A Terra, por sua vez, funciona como um macroconjunto de sistemas em hierarquia, em que todos se mantêm parcialmente independentes, ainda que firmemente vinculados entre si (Drew, 1994).

Desse modo, os sistemas, por receberem fluxos externos (o que inclui o *feedback*) e internos, vivem em constante troca evolutiva, ou seja, a dinâmica está na própria troca, em sua junção, em sua sintropia.

É por isso que o espaço geográfico, sendo a própria totalidade (Santos, 1997b), está em constante transformação dialética e diacrônica. Cada lugar é em si um sistema em totalização espaço-temporal, em que se verifica empiricamente que cada um tem um tempo próprio que remete a seu conjunto estrutural.

Os objetos e as ações de um determinado lugar, que, interconectados, formam o espaço geográfico, determinam como essa flecha do espaço-tempo vai caminhar, ou seja, cada lugar possui suas especificidades, que apontam o tempo e a organização espacial de cada região.

Cada lugar, em virtude de seu determinado conjunto sistêmico de objetos, possui tempo próprio. Verifique o tempo em Xangai e em São Tomé das Letras (MG), uma cidade dedicada à contemplação da natureza. Mesmo para quem não tem o privilégio de ser geógrafo, é fácil perceber como, nessa comparação, São Tomé possui um tempo muito mais lento do que Xangai, onde os negócios impulsionam outra dinâmica, outra lógica.

E onde está essa lógica? Ora, ela é visualizada na paisagem e nas ações geradas por sua dinâmica. Portanto, não existe lógica em pensar o espaço sem o tempo, sem ser o espaço-tempo. É por isso que cada sistema também é relativo, pois cada um possui uma lógica de variáveis próprias que respondem a outros subsistemas também de forma específica.

O planeta é em si um sistema constituído de diversos subsistemas que trocam entre si energia e matéria em busca de seu processo evolutivo por aumento de complexidade, ou seja, por ampliação de suas combinações internas, gerando nova dinâmica a cada dia.

Os grandes subsistemas são a hidrosfera, a biosfera e a litosfera. Drew (1994) observa que os seres humanos não podem atingir diretamente as atividades dos sistemas em escala global; porém, os sistemas de ordem inferior, locais, como, por exemplo, os ecossistemas, são altamente vulneráveis à ação, do homem. Isso corrobora a ideia de que os padrões se mantêm, mas as dinâmicas internas são alteradas constantemente por aumento de complexidade.

Teoria Geral dos Sistemas

A Teoria Geral dos Sistemas, criada na década de 1940 por Ludwig von Bertalanffy (Camargo, 2005), demonstra como os subsistemas trocam entre si energia e matéria constantemente, e essa troca é a impulsionadora de sua evolução. Bertalanffy (1968) apresenta as três principais características pertinentes aos sistemas:

1. Equifinalidade — Dentro da dinâmica dos sistemas, existe o princípio básico da equifinalidade, segundo o qual, se as condições iniciais ou os processos forem alterados durante o andamento de um evento em um sistema, seu estado final também será alterado.
2. Retroação (*feedback*) — Os fluxos internos do sistema de energia livre, que também são chamados de entropia negativa, ou negentropia, além de poderem participar da evolução do sistema, também mantêm o suprimento de energia e matéria indispensável para que qualquer conjunto preserve seu equilíbrio (Gregory, 1992).
3. Comportamento adaptativo — Essa característica indica que, após passar por um estado crítico, o sistema inicia um novo modo de comportamento. Essa especificidade indica que o sistema encontra processos irreversíveis a partir de sua auto-organização (Prigogine e Stengers, 1997).

Teoria da Complexidade

A cada etapa evolutiva se amplia a complexidade de um sistema específico, ou seja, a cada patamar evolutivo os sistemas aumentam sua complexidade. Isso é consequência direta da sin-

tropia, da junção de variáveis criando o novo, que justifica, por exemplo, a ideia de que a totalidade é sempre superior ao somatório de suas partes. Aqui se entende que não existem partes em absoluto; apenas um ponto na intrincada teia de relações que forma a totalidade em constante processo de evolução ou totalização (Capra e Steindl-Rast, 1991; Santos, 1997).

Entender a complexidade em si não é apenas conhecer imensas redes descontínuas de variáveis que se combinam diacronicamente buscando caminhos distintos; compreender a complexidade sistêmica é uma proposta pessoal de direcionar a mente para o campo teórico quântico, para o campo das inúmeras possibilidades futuras.

Pensar a complexidade significa também não buscar conhecer os eventos pela linearidade causal segundo a qual o futuro sempre pode ser conhecido. Pensar a complexidade é ir além, fugindo do paradigma clássico, verificando que, quanto mais variáveis estão em um sistema, mais este se torna capaz de gerar fenômenos improváveis.

A complexidade é em si um emaranhado de interconectividades entre redes que se sobrepõem, assim como as grandes redes verticais e horizontais estudadas no campo da geografia.

Em nossos dias, quando o meio geográfico é técnico-científico-informacional, a dinâmica das redes se torna cada vez mais empírica, visível, compreensível. Ela existe em cada negócio, em cada exportação. As redes que se intercruzam formam a grande dinâmica que, atualmente, dependendo da escala, tudo une.

Essas redes são representações analíticas de sistemas complexos; verifique, por exemplo, a bolsa de valores e suas variações. Perceba que grandes crises da bolsa, como o efeito tequila ou mesmo a crise do Japão, surgiram pela interconectividade sistêmica e são fruto da complexidade dos dias atuais.

Portanto, como a cada dia aumentamos a complexidade dos sistemas do planeta, mudanças podem também afetar o equilíbrio do padrão de organização da Terra. É importante ressaltar que geralmente os padrões se mantêm por mais tempo resistindo à mudança. De forma diferente, internamente os subsistemas vivem em constante mutabilidade.

Internamente, o que antes estava em ordem, em virtude do jogo sistêmico de auto-organização, entra em estado de desordem, sendo posteriormente sucedido por nova organização e momentâneo estado de ordem. Isso desfaz o mito positivista de que a ordem gera progresso de forma linear e controlada.

Esse fenômeno de desorganização e de reestruturação está na base da evolução por aumento de complexidade. O processo de sucessão que envolve a ordem-desordem-organização-nova ordem é o próprio mecanismo de auto-organização na flecha do espaço-tempo.

Exemplo de fácil compreensão é a dinâmica diária que ocorre em um manguezal. Durante o dia, ele está aparentemente ordenado, ou melhor, em equilíbrio relativo. Contudo, quando um manguezal recebe dejetos orgânicos e inorgânicos, entra em estado de desordem sistêmica e, posteriormente, volta ao estado de equilíbrio dinâmico, que nos remete à formação de nova ordem, mais complexa.

A dinâmica de cada manguezal, no entanto, evolui espaçotemporalmente de forma relativa, visto que diz respeito ao conjunto de variáveis que faz parte de cada dinâmica diária do manguezal. Assim, a evolução é espacial, porque possui um determinado conjunto de variáveis que proporciona a mudança em um tempo que também decorre dessa singularidade. Por isso, a evolução é espaçotemporal, e não apenas temporal ou espacial. Nesse sentido, acredito comprovar que o espaço-tempo é relativo, ou seja, é relacional a cada conjunto espacial de variáveis, e isso determina que a flecha do tempo ocorra de forma própria, singular a cada lugar geográfico.

Desse modo, diariamente os manguezais têm sua complexidade ampliada, sua estrutura alterada por aumento de complexidade. A cada dia surge um novo mangue, da mesma maneira que a cada dia fazemos, conjuntamente, um novo mundo, mais complexo. A complexidade e seu aumento constante demonstram que a cada dia nasce uma relação espaçotemporal própria, singular e muitas vezes imprevisível.

Um lindo exemplo de aumento constante de complexidade está presente na metodologia utilizada por Nise da Silveira.[2]

Nise da Silveira e seu método psiquiátrico por aumento da complexidade[3]

Assim como todo gênio, Nise da Silveira (1905-1999), por estar na vanguarda, teve uma vida muito atribulada, e a inveja e o preconceito acompanharam seus dias, gerando-lhe muitos problemas que se transformaram em um grande aprendizado de vida.

Em seus primeiros anos de atividade profissional, Nise foi acusada de comunista e presa. Assim conheceu Graciliano Ramos e fez parte do clássico *Memórias do cárcere*.

Tendo como preocupação central de sua vida acabar com as injustiças e violências cometidas em sua época nos hospitais psiquiátricos, foi pioneira na luta antimanicomial no Brasil. Em 1944, após ser solta, foi integrada ao Centro Psiquiátrico Nacional

---

[2] Nise da Silveira foi uma renomada psiquiatra brasileira. Dedicou sua vida à psiquiatria e manifestou-se radicalmente contrária às formas agressivas de tratamento de sua época, tais como o confinamento em hospitais psiquiátricos, o eletrochoque, a insulinoterapia e a lobotomia.

[3] Fonte: Wikipédia. A enciclopédia livre.

Pedro II, no bairro do Engenho de Dentro, no Rio de Janeiro, onde retomou sua luta contra as técnicas psiquiátricas que considerava agressivas aos pacientes.

Nesse mesmo hospital, que um dia a reverenciaria, Nise, por se recusar a aplicar eletrochoques em seus pacientes, foi transferida para o trabalho com terapia ocupacional, naquela época menosprezada pelos médicos.

Mais uma vez o destino premiou Nise, que, em 1946, fundou nessa instituição a Seção de Terapêutica Ocupacional, em que criou ateliês de pintura e modelagem, buscando possibilitar aos doentes reatar seus vínculos com a realidade por meio da expressão simbólica e da criatividade, revolucionando a psiquiatria praticada no país. Funda, então, com a obra de seus pacientes, o Museu das Imagens do Inconsciente, localizado no Engenho de Dentro.

O método

No trabalho realizado com seus pacientes, Nise verificava como estava o sentido ordem-desordem em cada um.

Na metodologia utilizada, o psiquiatra acompanhava detalhadamente os trabalhos desenvolvidos por seus pacientes. Em sua observação clínica e no desenvolvimento desse método, caberia ao terapeuta acompanhar e debater com o paciente suas obras, até que ele atingisse um novo grau de consciência, aproximando-se do estado que se considerava de normalidade.

Nesse caso, o trabalho desenvolvido por Nise não era apenas pioneiro no campo psiquiátrico; era, na prática, um método sistêmico. Nise fora aluna de Carl Gustav Jung (1875-1961), ex-aluno de Freud (1856-1939) e fundador da psicologia analítica, que desenvolvera um método próprio baseado na análise de mandalas.

O primeiro nome atribuído à psicologia analítica, aliás, fora psicologia dos complexos. Por meio desse conceito, Jung buscava compreender os vários grupos de conteúdo psíquico que se separam da consciência, passando a atuar no inconsciente, em que continuam, em existência autônoma, a influir na psique do ser humano.

O sentido de complexo na teoria junguiana é o de um grupo de imagens que se relacionam entre si, que têm acerto emocional comum e que se formam em torno de um núcleo (arquétipo). O trabalho de Nise, portanto, tem sua gênese na própria compreensão de que a mente humana é complexa.

Por isso, quando o mecanismo metodológico foi colocado em prática, Nise aplicou o método da complexidade. No caso das mandalas, quando em movimento (totalização), elas formam outras imagens por aumento de complexidade.

Mandala é a palavra sânscrita que significa círculo, uma representação geométrica da relação existente entre o homem e o cosmo. Trata-se da representação plástica e visual do retorno à unidade divina. A mandala compreende uma representação do todo. É a integração do todo com a parte, ou melhor, com seus componentes, que se dispõem sistemicamente formando um todo, o qual, se colocado em movimento, alcançará outra disposição.

Assim, Nise também buscou conhecer a formação individual a partir da ideia da análise do todo pelas partes. Em seu método, que se assemelha à autopoiese, desenvolvida por Maturana e Varela, vê a mente como um elemento que recebe fluxos externos capazes de redinamizar sua totalidade por aumento da complexidade. Ao acompanhar seus pacientes, o médico tende a gerar fluxos externos que, por aumento de complexidade, trabalham a dinâmica da mente colocando-a em estado de alteração, totalização por auto-organização e aumento constante da complexidade.

Aqui referenciamos a diferença entre o pensar clássico e o pensar sistêmico. No pensamento clássico, o sentido do fluir se condiciona de forma linear, sendo passado, presente e futuro sequenciais. Logo, projeta-se a evolução do quadro clínico linearmente, buscando resultados por causa/efeito. Choque elétrico, resposta e obediência.

Segundo Nise, porém, espera-se do paciente outro grau de respostas não lineares, em que sua mente evolui por aumento de complexidade sistêmica. Parabéns ao povo do Engenho de Dentro por abrigar essa casa de luz.

Criticalidade auto-organizadora (CAO)

A auto-organização é um princípio básico de todos os mecanismos complexos. Ela sempre emerge a partir das relações de troca suscitadas pelas dinâmicas sistêmicas tanto interna quanto externamente.

O grande geógrafo Orlando Valverde (1986) sabiamente nos ensina como a floresta Amazônica, mesmo possuindo solos pobres, pelo fato de serem constantemente lixiviados, se sustenta, mantendo intensa complexidade de relações e uma floresta que alcança estratos que podem atingir mais de 30 metros. Segundo Valverde, o ecossistema da hileia mantém formação-clímax autossustentada que independe da fertilidade do solo.

Esse mecanismo ocorre em virtude de a água que participa do ciclo hidrológico local e que é extraída do tabuleiro terciário que compõe a dinâmica local ser rica em ácido húmico, tendo pH muito baixo. Essa água recolhe os nutrientes que provêm da fauna arbórica por meio de dejetos de aves, macacos, insetos, bem como dos restos de animais e vegetais que ali viviam. É importante ressaltar que, nessa floresta, as raízes não vão além de 1 metro de profundidade, o que lhes facilita o aproveitamento desses nutrientes em seu mecanismo de alimentação.

Nesse mesmo sentido, os processos de auto-organização ocorrem em determinada escala espacial e temporal, e seu estado crítico de auto-organização, ou autoajuste, é alcançado sem necessidade do ajuste de qualquer variável ou parâmetro seguindo as seguintes premissas:

1. sistemas auto-organizados possuem *feedback*;
2. apresentam complexidade, pois se relacionam com a junção de inúmeras variáveis;
3. apresentam emergência de novo padrão de organização do sistema;
4. possuem intrincada relação interna de suas variáveis, pois seus elementos se dispõem de forma interconectada.

Teoria do Caos

Em 2004, o diretor norte-americano Eric Bress lançou o filme *Efeito borboleta* (*Butterfly Effect*), no qual um jovem consegue retornar fisicamente a seu corpo de criança no intuito de eliminar de vez todos os problemas do passado. A cada volta ao tempo, porém, tudo se complica ainda mais para o protagonista da história.

O filme, na verdade, só reitera a ideia de que o cinema americano ou é muito desinformado, ou gosta de ser incoerente no aspecto científico, como na sequência de *Jurassic Park*, em que dinossauros que viviam em determinado padrão geológico-ecológico se adaptam de modo estranho ao nosso atual padrão atmosférico.

Por que *Efeito borboleta* constitui um desrespeito à ciência? Segundo Albert Einstein (1879-1955), é possível voltar no tempo, sim, e isso se relaciona à não existência de nada além da velocidade da luz; assim, se for além dela, você voltará no tempo.

Por isso, se você entrasse em uma máquina que vai além da velocidade da luz, como não existe nada além dela, você voltaria ao passado.

Contudo, se você encontrasse seu avô ainda criança, portanto, antes de conhecer sua avó, e por um acidente matasse essa criança, como você poderia existir se o matou? Essa indagação é conhecida como paradoxo do avô.

Se, entretanto, voltar no tempo, pelo menos na teoria, é possível, qual será a solução lógica para essa questão? Segundo os físicos quânticos, você voltaria para outra dimensão do espaço-tempo, portanto, para um lugar onde você ainda não existe. Nesse caso, como o protagonista poderia alterar sua dinâmica do presente se seu passado já passou?

Essa explicação demonstra o que Heráclito de Éfeso (540-470 a.C.) já havia anunciado: o passado jamais volta, ele nunca se repete. Na verdade, o amanhã é uma construção do hoje, do agora, do que fazemos no planeta. O planeta, por sua vez, evolui sintropicamente, sendo o aumento de sua complexidade sua própria dinâmica. O futuro é uma construção do agora, das variáveis que só existem em conjunto hoje e que nunca mais existirão.

Considerando o filme, quer-se demonstrar que um mínimo efeito provocado no passado geraria uma mudança radical no futuro. No caso, a Teoria do Caos observa, com base em um conjunto de regras, que um pequeno elemento em um fluxo pode alterar radicalmente a dinâmica esperada. É assim que entendemos a frase clássica: "O bater de asas de uma borboleta no Brasil pode provocar um tornado no deserto do Texas" (Lorenz, 1996).

A Teoria do Caos demonstra a existência da imprevisibilidade e do acaso não linear, contrariando o paradigma clássico em sua epistemologia. Ela em si é um processo de auto-organização (Fiedler-Ferrara e Cintra do Prado, 1995; Gleick, 1989; Lorenz, 1996; Camargo, 2005).

As principais características dos eventos caóticos, segundo Stewart (1991), Prigogine (1993), Ruelle (1993) e Lorenz (1996) são:

1. sistemas caóticos são sensíveis a suas condições iniciais, em que uma pequena mudança pode causar enorme diferença em sua previsibilidade inicial, apresentando grau aleatório nas respostas a longo prazo;
2. sistemas caóticos não ocorrem com apenas duas variáveis; só existem a partir de três variáveis, e, quanto mais complexo for um sistema, maior será sua possibilidade de caos;
3. o início do processo caótico depende de uma bifurcação;
4. sistemas caóticos possuem previsibilidade zero em seu ponto de partida;
5. eles ocorrem em espaço limitado.

Teoria das Estruturas Dissipativas

A Teoria das Estruturas Dissipativas, criada pelo físico russo naturalizado belga Ilya Prigogine (1917-2003), demonstra que os processos que se auto-organizam o fazem porque evoluem por sintropia, sendo a junção sistêmica de variáveis a responsável evolutiva desse mecanismo.

Segundo Prigogine (1996), a flecha do tempo segue um fluxo descontínuo em que, assim como em uma espiral, a evolução é contínua. Para o autor, a "seta do tempo" obedece a uma ordem superior não previsível, que pode levar a energia resultante do trabalho a se auto-organizar ou a entrar em estado caótico.

Essa teoria também descreve a auto-organização como seu princípio básico e torna-se mundialmente conhecida quando seu criador ganha com ela o prêmio Nobel de físico-química em 1977.

Tal mecanismo se diferencia dos postulados tradicionais do segundo princípio da termodinâmica da entropia ao verificar que os processos físico-químicos não se perdem no sentido da entropia, mas sim apresentam novo patamar de organização por sintropia (Prigogine e Stengers, 1984; Camargo, 2005). Desse modo, os elementos internos de um sistema se dissipam buscando nova totalidade a partir da desordem sistêmica e se reencontram em nova ordem ou novo patamar de organização.

Os fluxos se dissipam, pois entram em nova ordem de "arranjo", não linear, com a própria natureza se transformando em algo novo. Capra (1996) nos apresenta essa nova noção de não equilíbrio e de não linearidade, em que, longe do equilíbrio, os múltiplos laços de realimentação do sistema geram o novo.

A emergência de novos patamares de organização se relaciona com a sinergia encontrada pelas estruturas que se dissiparam. Assim, as variáveis internas que ocupam determinado espaço se dinamizam em um tempo relativo à sua organização. Esse mecanismo é, portanto, espaçotemporal, pois cada um é relativo e evolui a partir da relatividade encontrada nesse espaço, gerando um tempo próprio ou um espaço-tempo específico.

Desmente-se aqui a total separação do tempo absoluto e do espaço absoluto. A Teoria das Estruturas Dissipativas traz para o debate científico o modo como ocorre a evolução.

5. Contradições dos paradigmas

	Paradigma clássico	Paradigma sistêmico
Fragmentação	A totalidade é subdividida em partes isoladas, individuais	Não existem partes em absoluto, apenas frações interconectadas ou subsistemas interconectados
Mutabilidade x imutabilidade	O universo é imutável, estável e sincrônico	O universo está em constante mutabilidade, mudança
Totalidade	Nesse paradigma, a totalidade é igual ao somatório de suas partes	Aqui, a totalidade, sendo um sistema em evolução, é sempre superior ao somatório de seus subsistemas interconectados
Dinâmica interna	É repetitiva, cíclica	O planeta vive em constante processo de revolução interna causada por sua própria dinâmica de trocas não lineares e por seu mecanismo de *feedback*
Previsibilidade	O universo é previsível, pois é fechado e circular (onde ocorre o eterno retorno)	O universo é dinâmico e aceita o acaso como elemento científico fruto da combinação de variáveis
Certeza	No paradigma cartesiano, a crença era a de que o conhecimento científico poderia levar à certeza final e absoluta	Com o novo paradigma, sabe-se que os conceitos atuais são limitados e que a ciência nunca deixa de evoluir

5. Contradições dos paradigmas (cont.)

Dinâmica interna dos sistemas	Estruturalista	Nesse paradigma, o espaço está sempre em movimento em virtude do princípio de autoorganização
Conceito de espaço geográfico	Espaço absoluto de base newtonianas	Espaço-tempo quadridimensional que surge a partir da Teoria da Relatividade

Capítulo 2

A ruptura do meio ambiente e a questão do aquecimento global

"Digo que me encontro no conhecimento de uma única ciência: a do amor."

Sócrates (470 a.C.)

Introdução

"Quem conhece sua ignorância
Revela a mais alta sapiência.
Quem ignora sua ignorância
Vive na mais profunda ilusão.
Não sucumbe à ilusão
Quem conhece a ilusão como ilusão.
O sábio conhece o não saber
E sua consciência do não saber
O preserva de toda a ilusão."

Lao-Tsé
Tao Te Ching (600 a.C.)

Como ensinava o sábio Lao-Tsé, a ignorância e a ilusão muitas vezes andam de mãos dadas. Da mesma maneira, em nossos dias, apesar de a informação poder ser passada com a velocidade da

luz, também nos defrontamos com a falsa ideia do que é percebido como realidade. Isso se torna muito claro quando acreditamos que nossa sociedade alcançou o limite máximo permitido pela evolução do conhecimento do homem sobre o planeta. É aí que nossas certezas se transformam em uma grande metáfora.

É por acreditar que a ciência clássica é capaz de solucionar todos os nossos graves problemas que nos perdemos em um oceano de ilusões e de mentiras. Quando, no despertar do século XXI, a sociedade contemporânea verificou que, nos últimos séculos, nossa ciência alcançou diversos avanços exponenciais, também acreditou que nada poderia escapar de seu domínio e de sua sapiência. E foi assim, com essa crença, que fundamentou suas possíveis soluções em relação ao maior problema que ela jamais enfrentou: a mudança radical dos padrões ambientais que se manifesta para o paradigma clássico a partir de uma de suas vertentes, o superaquecimento do planeta.

A questão do aquecimento global vem sendo discutida a partir da bagagem conceitual criada pela ciência clássica de teor cartesiano-newtoniano surgida há mais de trezentos anos. Ocorre que, como esse paradigma de ciência se perde em suas falhas conceituais, reproduz uma grande ilusão em relação à realidade, e hoje não podemos mais brincar com a verdade acreditando que a natureza é um conjunto mecânico, sincrônico, ordenado e de fácil domínio.

Devemos encarar essa questão com todas as armas possíveis mediante o risco de perdermos a possibilidade de coexistir no planeta. Ao longo deste livro, demonstraremos como a ciência oficial falha em sua compreensão da realidade ambiental.

Outra questão importante em nosso debate é a consciência de que a visão tradicional clássica, por estar totalmente enraizada no imaginário popular, acaba também atrapalhando o desenvolvimento de soluções necessárias que a sociedade e a ciência deveriam prover.

Acreditamos, assim, que a ilusão de nosso conhecimento a respeito do que é a natureza nos faz crer em falsas expectativas de análise e previsibilidade do que de fato acontece com nosso planeta. Dessa forma, buscamos novos horizontes que possibilitem o encontro de respostas mais plausíveis para responder aos graves problemas ambientais atuais. Como observa Khun (1970), em seu clássico *A estrutura das revoluções científicas*, quando um paradigma[4] não responde mais a alguma questão científica, ele deve ser substituído.

Em nosso imaginário, prendemo-nos a conceitos antigos desenvolvidos sobretudo por Newton ainda no século XVII. Nesse sentido, acreditamos que o que chamamos de aquecimento global é fruto apenas da emissão de gases estufa para a atmosfera. Assim, imagina-se que, ao reduzir as emissões desses gases, diminui-se ou elimina-se o problema.

Pensamos a atmosfera como se ela atuasse em seus eventos de forma isolada e eternamente imutável, como se fosse apenas um receptáculo. Newton postulava que o espaço absoluto era um elemento fixo, tridimensional e imutável, e sem relação externa, em que não se percebem em momento algum a criatividade, o novo e a mudança.

O pensamento newtoniano compara a atmosfera (e a totalidade) a um recipiente vazio, em que você pode colocar e tirar um elemento sem alterar sua dinâmica evolutiva natural; por isso se imagina que em alguns anos se poderá, diminuindo a emissão de gases estufa, eliminar o problema.

As novas teorias que surgiram a partir do advento da mecânica quântica descrevem, por sua vez, outra composição da realidade, que envolve todos os subsistemas do planeta que se auto-organizam fazendo sempre um novo amanhã, muitas vezes imprevisível

---

[4] Entendemos paradigma como um conjunto de ideias interconectadas que formam a estrutura de pensamento de uma época.

e diacrônico. Assim, os gases emitidos agora formam o conjunto atmosférico, hoje, que, daqui a alguns anos, já se terá transformado — então, como eliminar as emissões aos poucos pode ser a solução?

1. Como concebemos a questão da mudança climática?

1.1. O que é clima?

Convenciona-se classificar o clima como "a sucessão habitual dos tipos de tempo". Isso determinaria o clima de cada local, ou seja, em um clima temperado, em certa época do ano, podemos verificar neve, dias nublados; em um clima tropical úmido, verificaríamos um dia de sol com alta temperatura, outro dia chuvoso, porém, jamais encontraríamos neve nessa região.

Assim, cada lugar possui sua sucessão habitual de tempos que se repetem; por isso, o clima recebe sua classificação a partir de como os padrões se mantêm em uma estrutura lógica newtoniana. Nesse sentido, cada região possui um tipo de clima, que é determinado por diferentes fatores, incluindo latitude, altitude, continentalidade e maritimidade (Tavares, 2004) entre eles.

Fugindo, porém, dessa lógica simples, a evolução do clima envolve um conjunto de complexas trocas, em que múltiplas inter-relações constituem seu processo evolutivo e dele comungam. Atmosfera, biosfera, litosfera, oceanos e toda a hidrosfera se envolvem em diferentes escalas espaçotemporais de trocas intensas e formam composições climáticas associadas a processos específicos que são distintos em cada era geológica (Camargo, 2005; Salgado-Labouriau, 1994).

A história ecológico-geológica do planeta mostra que, ao longo das grandes eras, o surgimento de novos padrões ecológicos

também era acompanhado de novas combinações climáticas, ou seja, de novas composições atmosféricas (Bessat, 2003; Sant'Ana Neto, 2003; Camargo, 2005).

Em nossos dias, é importante compreender a incorporação da dimensão social na interpretação do clima. Isso significa que a repercussão dos fenômenos atmosféricos na superfície terrestre ocorre em território já transformado e produzido pela sociedade. Significa também que existe estreita relação entre a localização geográfica e a tendência à criação de mesoclimas. Assim, acreditamos que cada espaço-tempo ou cada lugar é único, ou seja, a cultura humana e sua imposição no meio natural geram um elemento novo, fruto da interconectividade da relação homem/natureza. Sendo assim, somos intensificadores de um novo mecanismo planetário a cada imposição de nosso meio de vida à natureza (Sant'Ana Neto, 2003; Camargo, 2005).

Corroborando essa hipótese, dados confirmam que as antigas mudanças climáticas pareciam ser muito mais lentas do que as atuais. Como observa Bessat (2003, p. 17):

> A evolução dos climas do passado parece ter sido mais lenta que as mudanças que a interferência humana provocaria: esses climas representavam, portanto, estados de pseudoequilíbrio que não eram necessariamente análogos a respostas aos estados transitórios que podemos esperar para o próximo século.

Provavelmente, essas rápidas mudanças se relacionam com nossa hipótese de que a sociedade humana, em seu processo cultural ligado à técnica produtiva dominante, tem acelerado espaço-temporalmente a velocidade das mudanças dos sistemas de que a atmosfera faz parte.

Nesse caso, cada subsistema, ou localidade, emite fluxos constantes de energia e matéria, levando assim a um processo individual de evolução sistêmica que liga a atmosfera em suas interfaces constantes com os solos e a vegetação, por exemplo. Por isso, alterações na dinâmica natural significam também respostas ao processo de auto-organização da atmosfera. Essas respostas não se dariam apenas nas mudanças climáticas, porém podem ser expandidas em outros sistemas, como no avanço do processo erosivo.

1.2. O que é efeito estufa?

O efeito estufa é um fenômeno natural cuja ocorrência remete à origem da atmosfera. Ele decorre da interação de componentes da troposfera com a energia emitida pela superfície terrestre ao se resfriar, sendo um dos principais responsáveis pelo aquecimento do ar nessa capa atmosférica (Paciornik, 2003).

Os principais gases estufa são: vapor-d'água, CO_2, O_3, CH_4 e N_2O. Esses gases têm a propriedade de absorver os raios infravermelhos na superfície e mantêm a temperatura na medida necessária para nossa sobrevivência. A ação desses componentes ocorre visando bloquear a perda de radiação terrestre para o espaço de modo que eles sejam mantidos na troposfera resultando em seu necessário aquecimento e na manutenção da temperatura anual em cerca de 16,5 ºC. Sem esse processo, estima-se que a temperatura da Terra alcance -20 ºC (Paciornik, 2003).

Sabe-se que a maior parte da irradiação infravermelha emitida pela Terra é absorvida pelo vapor de água, pelo dióxido de carbono e por outros gases estufa que compõem a atmosfera. O que se teme é que um aumento exponencial dos gases estufa emitidos pelas atividades humanas interfira no equilíbrio natural de forma que altere diretamente o balanço energético planetário. Isso seria em virtude do fato de a sociedade atual estar causando a mudança

no clima graças à queima de reservas de carvão, petróleo e gás natural (Paciornik, 2003).

Busca-se, portanto, reduzir nos próximos anos as emissões desses gases. Imagina-se que essa energia excedente que estaria presa à atmosfera possa ser reduzida permitindo um novo equilíbrio planetário. É aqui que se manifesta um grave erro conceitual: a possibilidade de prever com precisão como ocorrerá esse problema no futuro.

1.3. Aquecimento, imprevisibilidade e alteração do padrão ecológico

Pelos postulados da ciência oficial, acredita-se que em breve as concentrações atmosféricas de CO_2 aumentarão para o dobro dos níveis pré-industriais. Isso provavelmente seria suficiente para ampliar a temperatura global entre 2 °C e 5 °C. Sabemos que o aquecimento existe de fato; isso é comprovado empiricamente. No entanto, diferentes teorias devem ser levadas em consideração.

Analisando o pensamento clássico, pelo sentido de linearidade e previsibilidade, o amanhã seria conhecido. Contudo, alterações bruscas e imprevisíveis vêm acontecendo no planeta, comprovando que a mudança acontece na dinâmica da totalidade, e não apenas no sistema climático. Devemos considerar que o próprio aquecimento desencadeia uma série de eventos.

Acredita-se, por exemplo, que o aquecimento global seria maior se não fossem as partículas de enxofre e outros poluentes, que bloqueiam a luz solar, e as florestas e os oceanos, que absorvem cerca de metade do CO_2 que produzimos.

O aquecimento global, se pensado sistemicamente, é só um processo dentro do todo interagindo com a totalidade, ou seja, com os outros sistemas terrestres. Devemos também levar em consideração que, apesar de a maioria dos estudiosos concordar com a tendência de um aumento global da temperatura, existem correntes científicas que discordam do aquecimento global puro e simples. Segundo alguns cientistas, aliás, o planeta estaria caminhando rumo a outra era glacial, pois acreditam que se esteja encerrando um ciclo de maior aquecimento que permanece em geral por 10 mil anos (Paciornik, 2003).

1.4. A questão das mudanças climáticas e a ação do homem

O relatório do Grupo Intergovernamental de Especialistas sobre a Evolução do Clima (GIEC), publicado em 2001, concluiu que um conjunto de elementos sugere a existência de perceptível influência do homem sobre o clima global (Bessat, 2003).

Se pensarmos sistemicamente, o clima e suas alterações dinâmicas relacionam-se com todos os sistemas que se mantêm em constante processo evolutivo.

Como exemplo, podemos tomar a agricultura, que, graças ao aumento do uso de pesticidas que se infiltram nos solos, acaba por interferir não somente na água mas também no ar — por causa do ciclo hidrológico — e, assim, no mesoclima.

Outro exemplo diz respeito à essencial procura de energia e seu consumo no atual modelo de desenvolvimento: grandes hidrelétricas são construídas gerando espelhos lagunares que interferem diretamente na taxa de evaporação local. Assim, as grandes reservas de água criadas para beneficiar a geração de energia acabam também interferindo diretamente na dinâmica climática local.

1.5. A dinâmica geral dos sistemas e o clima

Deve-se observar que a influência do homem sobre a Terra está distribuída de maneira desigual e que uma das características da Terra é a interdependência das partes que formam o conjunto. A conexão é geral e ocorre de forma tênue ou direta, sendo impossível entender as partes como elementos isolados. É por isso que cada lugar é único e possui identidade (Capra, 1982; Drew, 1994; Camargo, 2005).

A questão é: o todo está internamente conectado, e, assim, por sua vez, cada local é em si um espaço-tempo próprio, pois as combinações de suas variáveis dizem que lugar é esse.

Como cada área geográfica, em geral, exerce um tipo de produtividade, possui também dinâmica própria que influi na organização evolutiva do planeta. Embora as atividades destinadas a alterar o ambiente, em sua maioria, tenham a intenção de ser benéficas do ponto de vista humano, o grau de inter-relação dos fenômenos naturais associado à ação humana acaba interferindo no mecanismo evolutivo do planeta e determinando novos fluxos que diferem do equilíbrio esperado (Drew, 1994).

As diferentes áreas geográficas então efetivamente mudam em escalas próprias e em tempo também próprio. É a dinâmica única espaço-tempo que cada lugar possui.

Embora todos os sistemas sejam cadeias de elos de força variável, também ocorre de alguns sistemas naturais se desintegrarem com mais facilidade do que outros, com rápida e irreversível modificação de seu todo. É por isso que cada subsistema participa à sua maneira da alteração da dinâmica total do planeta.

Nesse sentido, a ação do homem é também um agente que altera a dinâmica de evolução do planeta. Por exemplo, uma trilha de pedestres sobre um gramado gera constante compactação do solo, diminui o teor de infiltração e leva ao predomínio de plantas horizontais rentes ao terreno. Quando a compactação atinge certo nível e o solo fica nu, a chuva começa o trabalho de erosão; gera-se então um tipo de organização sistêmica que não existiria se não houvesse tido a ação do homem (Drew, 1994).

É bom sempre lembrar que o homem alterou pela primeira vez a atmosfera localmente e, portanto, o clima há cerca de 7 ou 9 mil anos ao mudar a face da Terra com a derrubada de florestas, a semeadura e a irrigação. Assim, a mudança na atmosfera não é algo atual. Imagine também que qualquer mudança em um pequeno sistema do planeta pode gerar reações em sua dinâmica geral; dessa forma, desde o passado somos agentes que participamos definitivamente do processo evolutivo do clima (Drew, 1994).

Nas áreas rurais, graças às constantes mudanças no uso da terra, o clima vem sofrendo alterações em grandes espaços. Tanto a atividade agrícola quanto a industrial estão alterando gradativamente a composição da atmosfera por aumentar a quantidade de substâncias que ocorrem naturalmente e por lhe introduzir novos componentes. Assim, a dinâmica atmosférica é alterada não apenas pelo aumento de CO_2 mas também por toda a dinâmica planetária que envolve a ação humana desde no mínimo quando a agricultura surgiu na superfície do planeta (Drew, 1994; Camargo, 2005).

Como vivemos a evolução constante a partir da auto-organização dos sistemas do planeta, a atmosfera também vem evoluindo e contribuindo a seu modo para o processo evolutivo. Portanto, o que hoje chamamos de mudanças climáticas pode estar relacionado ao próprio processo evolutivo, e não apenas ao aumento de CO_2 na atmosfera.

2. O imaginário e a realidade

2.1. O imaginário social e a questão das mudanças climáticas

2.1.1. O imaginário ambiental e a dinâmica sistêmica

Onde está a essência da propagação de valores que fazem do conceito newtoniano a respeito da natureza o que se imagina como real? Ou seja, como e por que incorporamos a nosso dia a dia os conceitos surgidos na revolução técnico-científica dos séculos XVI e XVII?

Em nosso imaginário, o conhecimento da questão das mudanças climáticas, que na verdade é um delicado problema e envolve uma série de dinâmicas que interagem dialeticamente, é muito simples. Em primeiro lugar, acreditamos que a atmosfera, assim como todo o espaço, é sempre imutável, ou seja, não sofre alteração radical em sua dinâmica; acreditamos na possibilidade do eterno retorno; nosso imaginário em relação ao meio ambiente é cíclico (Camargo, 2005; Moreira, 1993).

Por isso, a previsibilidade torna o futuro um processo de fácil compreensão, e, como o homem moderno se encarcera na ideia de que é senhor e dono da natureza, o que está por vir não é algo difícil de conhecer, pois, no mundo newtoniano, a auto-organização não existe (Camargo, 2003, 2005, 2007).

Assim, dentro do raciocínio linear cartesiano-newtoniano, questões como a queima de hidrocarbonetos gerando o aumento de CO_2 na atmosfera tenderiam também a aumentar de forma proporcional a temperatura da Terra. Sendo o espaço absoluto cíclico e previsível, é só calcular o que está por vir e pensar em, proporcionalmente, reduzir essas emissões em um futuro próximo.

É lógico que por trás dessa imaginação se encontram conceitos estruturados há mais de trezentos anos. É assim que imaginamos que podemos controlar o futuro.

Pensamos que, projetando no futuro as atuais variáveis que dizem respeito à quantidade de CO_2 na atmosfera (em partículas por milhão), temos a certeza de que poderemos controlar o problema com base em equações simples, ou seja, aumentando em 110 ppm o CO_2 aumentaria a temperatura em alguns graus.

Contudo, como afirma Prigogine (1996), vivemos o fim das certezas. Os antigos postulados que consideravam a natureza cíclica e que facilitam o conhecimento dos eventos posteriores sucumbem diante da complexidade sistêmica que ordena e desordena constantemente a vida e a natureza (Morin, 1977; Camargo, 2005). Aqui as conexões das variáveis são a essência que gera o amanhã; a evolução ocorre a partir de sua sintropia; o sentido da flecha do tempo segue essa coerência, e a ordem brota da desordem proporcionada pela junção dessas variáveis (Morin, 1977; Prigogine e Stengers, 1988).

Capra (2002) verifica que, em um sistema natural, as conexões, muitas vezes, são ocultas, impossibilitando conhecer como e para onde caminhará a flecha do tempo... o futuro é incerto. Por isso, como saber que em cinco ou em dez anos a temperatura alcançará algum patamar específico de temperatura?

Os processos naturais são complexos e devem remeter seu raciocínio a patamares da matematização valendo-se da ciência da complexidade, em que a possibilidade de surgimento de incertezas deixa o futuro e seu conhecimento participando do campo das probabilidades.

Na natureza, o que inclui a atmosfera e seus fenômenos, todo o planeta é constituído de elementos que evoluem conjuntamente a partir de mecanismos sintrópicos constantes. Esse processo de evolução gera mudanças na estrutura interna do grande sistema Terra levando os diferentes subsistemas a alterações muitas vezes radicais.

Nesse sentido, como cada subsistema é relativo ao conjunto de suas variáveis, cada um possui um espaço-tempo também próprio e, assim, um tipo específico de evolução e de mutabilidade.

Imagine que, mesmo que o ser humano não existisse na superfície terrestre, o planeta evoluiria e um dia a Terra sofreria uma ruptura de seu padrão. Essa mudança ocorre pela compreensão de que o planeta é um grande sistema constituído de diferentes subsistemas que trocam energia e matéria entre si. Essa evolução é a essência geológico-ecológica que permeia a história de nosso planeta.

Ao longo dessa história, diferentes padrões se sucederam; isso é o processo natural. Assim, a mudança dos padrões é algo que sempre aconteceu e logicamente ocorrerá um dia com nosso atual padrão de organização.

A questão é: quando isso vai acontecer? Para alcançarmos a resposta, devemos entender que esse mecanismo é natural. No entanto, como nossa sociedade impulsiona com uma velocidade jamais vista esse processo, pensamos que a ruptura se aproxima também com uma velocidade proporcional às mudanças que trazemos aos subsistemas do planeta.

2.1.2. O imaginário da realidade e sua propagação

Se estamos presos a um imaginário da realidade que proporciona a todos uma grande ilusão em nossas vidas, como esse processo se propaga? Por que cremos nessas falsas verdades?

É notório que o paradigma clássico se propaga junto ao próprio sistema capitalista de produção (Camargo, 2005) e, assim, compõe nosso imaginário de realidade.

Sabe-se que, com o processo de globalização, surgiu outra economia em escala global, e isso significa que, em todo o planeta, valores econômicos e crenças mercadológicas acabam se expandindo, em conjunto, ao mesmo tempo que valores sociais e econômicos se propagam como verdades únicas. Simultaneamente, outras questões de cunho pouco ou nada ético também se fazem notórias em cada local que abraça esse modo de vida (Castells, 1999).

Guattari (2002) alerta, por exemplo, para a perda mundial de valores morais e éticos atrelados à nova configuração econômica decorrente da globalização. Nesse sentido, o autor indica o reflexo dessa postura antiética influindo diretamente no modo como vemos e tratamos nosso meio ambiente. Acompanhando esse processo, o planeta atravessa o que Latouche (1994) chama de ocidentalização do mundo, originada da propagação de verdades como se elas fossem absolutas.

Acreditamos no que essas verdades espalham pelo globo por meio de diferentes fatores, entre eles a mídia e suas agências de informação. Esses valores propagados se vinculariam à ideologia muito semelhante ao que se conhece como darwinismo social. Nesse conjunto de valores, em que só o forte sobrevive, desconsideramos o valor maior de viver em comunidade e o respeito ao próximo.

Outros autores, como Hardt e Negri (2001), seguindo o trabalho de Foucault (1926-1984) relativo ao biopoder, verificam a existência do que chamam de Império, que não apenas regularia as relações humanas, mas sobretudo a natureza do homem. Nesse caso, essa verdade seria inerente à cultura e à sua propagação de valores e de realidades. Assim, esse mecanismo de poder formaria o que molda a verdade interna das sociedades que hoje se integram de maneira global.

A ausência de valores morais socráticos e a dominação da sociedade encarcerada pela promiscuidade proposta pelas classes hegemônicas — em que o individualismo, associado à ganância, e a falta de respeito ao próximo são comuns — fazem parte da nova ideologia dominante e que hoje se manifesta globalmente.

Em nossa época, cujos valores e verdades criados são propagados mundialmente e acompanham o processo de reprodução do capital em sua perspectiva darwiniana, sabemos que, inegavel-

mente, nosso imaginário da verdade sempre passa pelos grandes paradigmas da física, seja os dos antigos gregos, seja os dos experimentos laboratoriais do século XXI. Nesse sentido, Morin (1977), Capra (1983) e Camargo (1999) são unânimes em verificar como os grandes paradigmas sociais têm parcela de sua gênese ligada aos postulados da física.

As chamadas grandes revoluções técnico-científicas, que representam os famosos episódios do desenvolvimento científico (Khun, 1970), normalmente acabam impulsionando o que se torna realidade e que mais tarde acaba compondo o imaginário social do real.

Quando pensamos em atirar um objeto na parede, temos certeza (dependendo de sua estrutura) de que uma reação com igual intensidade e sentido contrário acontecerá... isso para nós é lógico. Lógico porque a ciência nos fornece explicação plausível e aceita por todos. Por isso, essa questão, entre tantas outras, torna-se parte de nossa lógica usual e frequente. No passado, porém, antes de Newton, a(s) lógica(s) era(m) outra(s).

Existe uma forte associação em nossa mente em responder aos fenômenos naturais a partir de nossa concepção da realidade física, ou seja, do que conhecemos como realidade, do que é propagado pela mídia e pela ciência contemporânea.

Esquecemo-nos de que a verdade é relativa ao patamar em que se encontra a ciência, até porque a verdade sempre foi relativa em cada época da humanidade e em cada lugar específico. No passado da Grécia e do Oriente, a verdade era inteiramente diferente para os sábios e para os teosofistas de então. Eles sabiam, certamente, que não se pode abrangê-la e equilibrá-la sem o conhecimento sumário do mundo físico, mas sabiam também que ela residia antes de tudo em nós mesmos, nos princípios intelectuais e na vida espiritual da alma (Schuré, 2003).

Se, em cada época, a sociedade possui uma visão do mundo, imagine o planeta do passado, em que também existiam várias sociedades. Pense no homem, cujos grupos, espalhados pelo globo, não se conheciam antes das grandes viagens e navegações.

Em cada espaço geográfico, diferentes visões da natureza sempre existiram; deuses como Thor e Tupã eram parte do conhecimento lógico que se tinha da realidade. Hoje, a ciência em geral se notabilizou por sua credulidade. É a essência do método. Se não é empírico, dificilmente nele se acredita.

No passado, porém, diferentes lugares também possuíam diferentes verdades; o raio, o trovão, as secas e inundações eram parte da normalidade, pois essa era a normalidade dos deuses; era assim que eles participavam da vida dos homens; os deuses mitológicos, em geral, não se afastavam da vida do homem, fosse na África, fosse na Europa. Em todos os continentes, deuses como Ogum, Oxum, Oxóssi, Thor, Mercúrio, Júpiter, Zeus e Baco eram a lógica e faziam parte das práticas e verdades sociais.

Essa era a lógica de cada lugar. Nossos dias, no entanto, incorporam um tipo de racionalidade, uma lógica que deriva do conhecimento experimental, comprovado à luz do método; essa é nossa certeza, algo comprovado, certo.

Além da certeza científica, esses valores acabam por se confirmar em todo o planeta, pois a simultaneidade e o contato planetário nos aproximaram por meio da informação e de sua propagação.

Com a descoberta da possibilidade de transmissão de ondas como sinal, do rádio até sinais de vídeo e áudio, foi possível a expansão geográfica de informações comandando um tipo de tempo em que ela podia ser colocada em lugares distintos ao mesmo tempo. Com o surgimento dos sinais de satélite, a informação pôde ser concomitante em todo o globo terrestre, e, assim, as verdades únicas também se expandiram simultaneamente por todo o planeta Terra.

No sentido científico da verdade física, não existe ideologia política; talvez religiosa, porém não política. O professor Milton

Santos (1997) informa que, a partir de 1945, a técnica se torna única em todo o planeta, configurando-se, assim, valor universal. Nesse sentido, acompanhando a técnica e sua ideologia, desde 1945, o que cremos do mundo físico é igual também em todo o globo. Hoje, dada a interação da informação com valores que atendam a interesses específicos, propagar globalmente uma "verdade" é fácil, sobretudo quando essa verdade dita regras de comportamento e de práticas que interessam ao mercado (Latouche, 1994).

É importante entender que a ciência oficial e seus valores, ao longo de sua história, afirmaram o sistema de produção capitalista que buscava sua evolução ao mesmo tempo que o lucro financiava as pesquisas científicas e se atrelaram a ele.

É certo que o desenvolvimento capitalista desde sua gênese se atrelou ao paradigma cartesiano-newtoniano-baconiano e, nesse sentido, envolveu-se com o nosso dia a dia, tornando-se a própria certeza e a verdade em nossos conteúdos e postulados.

Buscamos assim pautar esse debate e comprovar que "perdemos o fio da meada" ao nos esquecermos de acompanhar a evolução da ciência trazendo novas questões filosóficas do mundo quântico para nossas escolas e para nossas práticas diárias.

Como Kant (1724-1804) parece ter mostrado pela primeira vez, toda experiência é organizada segundo as categorias de nosso pensamento, isto é, nosso modo de pensar sobre espaço, tempo, matéria, substância, causalidade, contingência, necessidade, particularidade etc. Assim, vemos a realidade como um processo lógico a partir do que acreditamos ser a realidade, ou seja, segundo o que nos ensinou o modelo oficial de ciência (Bohm, 1980).

Bohm (1980) descreve um hábito decorrente da influência do paradigma clássico, que é a fragmentação da realidade que está sendo continuamente produzida pelo mecanismo quase universal de tomar o conteúdo de nosso pensamento por uma "descrição do

mundo como ele é", ou seja, como nossa mente o percebe a partir das informações que possuímos.

Esquecemos que a totalidade é aquilo que é real e que a fragmentação é a resposta desse todo, a ação criada pelo homem, guiada pela percepção ilusória, que é moldada pelo pensamento fragmentado e que serve aos interesses burgueses (Bohm, 1980; Camargo, 1999).

Até hoje as verdades introduzidas por Newton (1642-1727) e por Descartes (1596-1650) enclausuram nosso imaginário. As metáforas da realidade introduzidas por esses autores consideram a natureza um elemento imutável e sem criatividade, em que a ordem era a palavra-chave; existia assim uma perfeição sincrônica e ordenada de todo o universo que, em sua essência, por ser imutável, permanecia em constante movimento de circularidade (Casini, 1995).

Desse modo, além do processo político que permeia esse sentido de realidade, pensamos o clima e suas alterações a partir dessa concepção de ciência, pois imaginamos que essa lógica é única, inexorável.

3. As convenções de mudanças climáticas — características

No contexto dessa metáfora, nada é mais significativo do que as convenções de mudanças climáticas. Seu teor oficial e decisório acaba reproduzindo graves erros conceituais e teóricos, pois, como o grande projeto ideológico capitalista envolve ciência e imaginário da realidade, a crença no que postulou Newton aplicada às questões climáticas se torna algo lógico, plausível e aceito como caminho único.

Quando surge uma nova catástrofe, pensamos esse fato como informação que, para nós, só aumenta a responsabilidade dos cientistas e dos líderes mundiais. Imaginamos que as conferências

desses líderes (Conferências das Partes — COPs) serão realmente eficazes no combate às mudanças climáticas.

Quando julgamos que nossa ciência será eficaz, nós o fazemos em geral porque, como o espaço é absoluto (em nosso imaginário da realidade), ou seja, é fixo e imutável, nada pode alterá-lo em grande escala. Em segundo lugar, como no pensamento hegemônico social a realidade é totalmente fragmentada, acreditamos que de fato a atmosfera seja uma parte isolada, desconectada da totalidade. Assim, cremos que as mudanças sejam apenas climáticas, e não da totalidade.

Os exemplos utilizados para demonstrar as mudanças climáticas servem também para a percepção simples do processo sistêmico.

Por exemplo, no Canadá vem ocorrendo o derretimento do gelo do Ártico e do Permafrost (tipo de solo de grandes altitudes e altas latitudes também formado por gelo, terras e rochas, e que em geral permanece congelado). Graves tempestades assolam a América Latina e o sul da Ásia. A Europa, por sua vez, verificou o surgimento de incêndios espontâneos de florestas e fortes ondas de calor.

Tudo isso revela que o mundo jamais foi tão quente quanto agora, por um milênio ou mais. Os dois anos mais quentes registrados foram 1998 e 2002, cerca de 19 a 20 vezes mais quentes do que 1980; e a Terra provavelmente nunca aqueceu tão rapidamente quanto nos últimos trinta anos, período em que influências naturais na temperatura, como ciclos solares e vulcões, diminuíram.

A comunidade científica vem alertando sobre a interferência do homem no balanço da radiação. Mudanças no uso do solo e atividades diversas têm aumentado a proporção de gases que absorvem a radiação remetida pelo planeta, aprisionando-a próximo à superfície terrestre, elevando a temperatura (Sant'Ana Neto, 2003).

Em cada exemplo, podemos ter diferentes leituras e, mesmo que a maioria dessas questões esteja ligada à questão climática, cremos que o problema é só esse e, assim, esquecemos que a atmosfera, por sua inerente complexidade, se relaciona com todos os outros subsistemas do planeta.

Contudo, sendo o clima um agente participante dos mecanismos de evolução, tem importante influência nos processos de mudança do padrão ecológico-geológico atual. Assim, mesmo que ineficazes no real combate ao processo de alteração planetário, as COPs acabam por gerar debates que também contribuem para a necessária mudança de nossos hábitos em relação ao modo como percebemos a natureza.

3.1. As Conferências das Partes (COPs) — antecedentes

Após a Rio-92 (Conferência das Nações Unidas sobre Meio Ambiente e Desenvolvimento Humano), realizada em 1992 no Rio de Janeiro, iniciaram-se as chamadas COPs, que vêm ocorrendo de dois em dois anos. Basicamente, o teor que marca as reuniões são os acordos entre as nações que se prontificam a reduzir tanto a emissão de gases estufa quanto o desmatamento, entre outras questões.

A primeira convenção ocorreu em 1992 e foi conhecida como Convenção-Quadro das Nações Unidas sobre Mudança do Clima. Nela, discutiram-se questões como a poluição dos oceanos, a degradação da Terra, danos à camada de ozônio e a rápida extinção de espécies animais e vegetais (Camargo, 2007).

Nessa conferência, iniciaram-se os debates em torno da possível interferência na forma como a energia solar interage com a atmosfera e dela escapa. Assim, procurou-se compreender os possíveis riscos que um aumento da temperatura global poderia causar (Camargo, 2007).

O mais interessante é que, mesmo conscientes da gravidade da questão, essas conferências acabam não chegando a resultados práticos, pois reduzir o CO_2 na atmosfera também significa alterar o modelo produtivo inerente ao processo industrial atual, o que, logicamente, interfere nos grandes interesses das economias dominantes. A busca de consenso entre os participantes exige, por isso, enorme habilidade diplomática na condução das negociações. Na verdade, deveriam discutir o que realmente está acontecendo às COMUNIDADES, e não apenas aos poderosos, pois o meio ambiente é alterado em comunhão geral.

Somente com a participação de todos, com a efetivação da democracia participativa e da educação socioambiental geográfica é que algo pode ser modificado. Essas questões devem ser alteradas a partir da compreensão sistêmica da realidade.

3.2. As Conferências das Partes

COP 1

A 1.ª Conferência das Partes na Convenção-Quadro das Nações Unidas sobre Mudança do Clima ocorreu de 28 de março a 7 de abril de 1995 em Berlim, Alemanha.

COP 2

Ocorreu de 9 a 19 de julho de 1996 em Genebra, Suíça, concomitantemente à 3.ª Sessão do Órgão Subsidiário de Assessoramento Científico e Tecnológico (SBSTA), à 3.ª Sessão do Órgão Subsidiário de Implementação (SBI) e à 3.ª Sessão do Grupo *ad hoc* para o Mandato de Berlim (AGBM). Nessa conferência, ficou definido que os relatórios do Painel Intergovernamental de Mudanças Climáticas (IPCC) nortearão as decisões futuras.

COP 3

A 3ª Conferência das Partes na Convenção-Quadro das Nações Unidas sobre Mudança do Clima ocorreu de 1º a 10 de dezembro de 1997 em Kyoto, Japão.

No Protocolo de Kyoto, são fixadas metas concretas que estabelecem os locais em que as emissões devem ser reduzidas e o volume de tal redução. Nesse sentido, até 2012, os países da União Europeia teriam de diminuir suas emissões em 8% em relação ao ano-base de 1990; os Estados Unidos, em 7%; e o Japão, em 6% (Senado Federal, 2008).

O Protocolo de Kyoto é consequência de uma série de eventos iniciada com a Toronto Conference on the Changing Atmosphere, no Canadá (outubro de 1988), seguida pelo IPCC's First Assessment Report, em Sundsvall, Suécia (agosto de 1990), e que culminou com a Convenção-Quadro das Nações Unidas sobre Mudança do Clima (CQNUMC ou, em inglês, UNFCCC) e na ECO-92 no Rio de Janeiro (junho de 1992) (Senado Federal, 2008).

O Protocolo é um tratado internacional com compromissos mais rígidos para a redução da emissão dos gases que agravam o efeito estufa a partir da ação humana e que estariam na base do aquecimento global (Senado Federal, 2008).

Mesmo tendo sido aberto para as assinaturas em 11 de dezembro de 1997 em Kyoto, no Japão, só foi ratificado em 15 de março de 1999. Para entrar em vigor, precisou da aceitação de mais da metade dos países responsáveis, juntos, por 55% das emissões. Por isso, só entrou em vigor em 16 de fevereiro de 2005, depois que a Rússia o ratificou em novembro de 2004.

Esse acordo propõe um calendário no qual os países membros (sobretudo os desenvolvidos) se obrigam a reduzir, entre 2008 e 2012, as emissões de gases que causam o efeito estufa em, pelo menos, 5,2% em relação aos níveis de 1990.

No debate que direcionou as maiores reduções para os países do Primeiro Mundo, países como Brasil, México, Argentina e Índia, considerados emergentes, não receberam, momentaneamente, metas de redução.

A redução dessas emissões deverá ocorrer em várias atividades econômicas. O protocolo estimula os países signatários a cooperar entre si por meio de algumas ações básicas:

- reformar os setores de energia e transportes;
- promover o uso de fontes energéticas renováveis;
- eliminar mecanismos financeiros e de mercado inapropriados aos fins da Convenção;
- limitar as emissões de metano no gerenciamento de resíduos e dos sistemas energéticos;
- proteger florestas e outros sumidouros de carbono.

De acordo com a perspectiva inerente à previsibilidade newtoniana, acreditava-se que, se o Protocolo de Kyoto fosse implementado com sucesso, a temperatura global seria reduzida entre 1,4 °C e 5,8 °C até 2100.

Mesmo com os Estados Unidos da América do Norte e a União Europeia em gritante divergência a respeito das reduções, a COP 3 passou para a história como a convenção em que a comunidade internacional firmou um amplo acordo de caráter ambiental.

Essa convenção tornou-se um instrumento legal que buscou efetivar a redução de emissões dos gases estufa para os grandes poluidores do mundo, impondo metas de redução em nome da sobrevivência da espécie humana. Acreditava-se que ocorreriam reduções de 5,2% em média em relação às emissões de 1990. Para que essa meta fosse atingida obrigatoriamente, os países desenvolvidos, que produzem 55% do total de emissões de CO_2, deveriam alterar seu processo econômico, mudando sua base produtiva. Nesse sentido, são criados os certificados de carbono, e o Brasil propõe a criação de Mecanismos de Desenvolvimento Limpo (MDL) (Senado Federal, 2008).

COP 4

Ocorreu de 2 a 13 de novembro de 1998 em Buenos Aires, Argentina, simultaneamente à 9.ª Sessão do Órgão Subsidiário de Assessoramento Científico e Tecnológico (SBSTA) e à 9.ª Sessão do Órgão Subsidiário de Implementação (SBI).

Na COP 4, as discussões sobre um cronograma para implementar o Protocolo de Kyoto tiveram início. No ano seguinte, durante a COP 5, em Bonn, na Alemanha, o debate continuou.

COP 5

Ocorreu de 25 de outubro a 5 de novembro de 1999 em Bonn, ao mesmo tempo que a 11.ª Sessão do Órgão Subsidiário de Assessoramento Científico e Tecnológico (SBSTA) e a 11.ª Sessão do Órgão Subsidiário de Implementação (SBI).

Em 2000, em Haia, na Holanda, os Estados Unidos da América do Norte abandonam os ideais de Kyoto graças à forte tensão que envolvia a União Europeia e o grupo liderado pelos Estados Unidos. Esse problema seria ampliado durante a COP 6, em que houve impasse maior nas negociações, quando o ex-presidente George W. Bush declarou que os Estados Unidos não ratificariam o Protocolo de Kyoto.

COP 6

De 16 a 27 de julho de 2001, foi realizada em Bonn, na Alemanha, e em Marrakesh, no Marrocos, paralelamente à 6.ª Conferência das Partes Reconvocada na Convenção-Quadro das

Nações Unidas sobre Mudança do Clima (COP 6), à 14.ª Sessão do Órgão Subsidiário de Assessoramento Científico e Tecnológico (SBSTA) e à 14.ª Sessão do Órgão Subsidiário de Implementação (SBI).

Essa COP foi uma convocação extraordinária que buscou divulgar o terceiro relatório, em que fica cada vez mais evidente a interferência do homem nas mudanças climáticas.

COP 7

Ocorreu de 29 de outubro a 9 de novembro de 2001 em Marrakesh, no Marrocos, simultaneamente à 15.ª Sessão do Órgão Subsidiário de Assessoramento Científico e Tecnológico (SBSTA) e à 15.ª Sessão do Órgão Subsidiário de Implementação dos acordos.

COP 8

Entre 23 de outubro e 1.º de novembro de 2002, realizaram-se em Nova Délhi, Índia, a 8.ª Conferência das Partes na Convenção-Quadro das Nações Unidas sobre Mudança do Clima (COP 8), a 17.ª Sessão do Órgão Subsidiário de Assessoramento Científico e Tecnológico (SBSTA) e a 17.ª Sessão do Órgão Subsidiário de Implementação (SBI).

A COP 8 pediu ações mais objetivas para a redução das emissões. Os países entraram em acordo sobre as regras para a implementação dos MDL, e a questão do desenvolvimento sustentável voltou ao foco central do debate.

COP 9

De 1.º a 12 de dezembro de 2003, realizaram-se em Milão, Itália, a 9.ª Conferência das Partes na Convenção-Quadro das Nações Unidas sobre Mudança do Clima (COP 9), a 19.ª Sessão do

Órgão Subsidiário de Assessoramento Científico e Tecnológico (SBSTA) e a 19ª Sessão do Órgão Subsidiário de Implementação (SBI).

Nessa conferência, a Organização das Nações Unidas (ONU) apresentou dados alarmantes, que anunciavam aumento exponencial no ritmo de extinção de espécies animais e vegetais, e questões como a perda de quatro espécies por hora e a destruição anual de 13 milhões de hectares de florestas, em que vivem cerca de dois terços de todas as espécies terrestres. Um dos pontos fortes do encontro foi a proposta de criação de um grupo de especialistas para analisar a questão da biodiversidade.

Ao mesmo tempo, líderes políticos europeus ponderaram que é necessário que sua produção ocorra de forma sustentável, o que provocou o retorno das divergências entre países ricos e pobres que marcaram a Conferência de Estocolmo em 1972 (Camargo, 2007).

COP 10

Ocorreu de 6 a 17 de dezembro de 2004, em Buenos Aires, Argentina, junto com a 21ª Sessão do Órgão Subsidiário de Assessoramento Científico e Tecnológico (SBSTA) e a 21ª Sessão do Órgão Subsidiário de Implementação (SBI).

Na COP 10, iniciaram-se as discussões informais sobre novos compromissos de longo prazo a partir de 2012, quando vence o primeiro período do Protocolo de Kyoto.

COP 11

Entre 28 de novembro e 9 de dezembro de 2005, realizaram-se em Montreal, Canadá, a 11ª Conferência das Partes na Convenção-Quadro das Nações Unidas sobre Mudança do Clima (COP 11), a 23ª Sessão do Órgão Subsidiário de Assessoramento Científico e Tecnológico (SBSTA) e a 23ª Sessão do Órgão Subsidiário de Implementação (SBI).

A COP 11 demonstrou a necessidade de amplo acordo internacional, ajustado à nova realidade mundial, pois se verificou que Brasil, China e Índia também se tornaram emissores relevantes. Foi proposta pelo Brasil a negociação em dois trilhos: o pós-Kyoto e o de negociação paralela entre os grandes emissores, o que inclui os Estados Unidos.

COP 12

Ocorreu de 6 a 17 de novembro de 2006 em Nairóbi, Quênia, paralelamente à 25ª Sessão do Órgão Subsidiário de Assessoramento Científico e Tecnológico (SBSTA), à 25ª Sessão do Órgão Subsidiário de Implementação (SBI) e à 2ª Sessão do Grupo de Trabalho *ad hoc* sobre Compromissos Adicionais para as Partes no Anexo I no âmbito do Protocolo de Kyoto (AWG-KP).

A COP 12 concentrou-se nas repercussões do Relatório Stern, lançado na Inglaterra no mesmo ano e considerado o estudo econômico mais complexo e abrangente sobre os prejuízos do aquecimento global. Esse relatório baseava-se em projeções lineares para se entender o futuro da economia a partir dos problemas do aquecimento global. O Brasil, por sua vez, apresentou proposta de criação de um mecanismo de incentivos financeiros para a manutenção das florestas, o Redd (Redução de Emissões por Desmatamento e Degradação).

COP 13

Ocorreu de 3 a 15 de dezembro de 2007 em Bali, Indonésia, simultaneamente à 27ª Sessão do Órgão Subsidiário de Assessoramento Científico e Tecnológico (SBSTA), à 27ª Sessão do Órgão Subsidiário de Implementação (SBI) e à 4ª Sessão Reconvocada do Grupo de Trabalho *ad hoc* sobre Compromissos Adicionais para as Partes no Anexo I no âmbito do Protocolo de Kyoto (AWG-KP).

Foi criado o "Mapa do Caminho", com cinco pilares de discussão para facilitar a assinatura de um compromisso internacional em Copenhague: visão compartilhada, mitigação, adaptação, transferência de tecnologia e suporte financeiro.

O ponto fundamental da COP 13 foi a busca de criação de um fundo de recursos para os países em desenvolvimento e para as ações de mitigação nacionalmente adequadas. Nesse sentido, buscou-se um modelo ideal para os países em desenvolvimento que, mesmo sem obrigação legal, concordassem em diminuir suas emissões.

COP 14

De 1º a 12 de dezembro de 2008, realizaram-se em Poznan, Polônia, a 14ª Conferência das Partes na Convenção-Quadro das Nações Unidas sobre Mudança do Clima (COP 14), a 29ª Sessão do Órgão Subsidiário de Assessoramento Científico e Tecnológico (SBSTA), a 29ª Sessão do Órgão Subsidiário de Implementação (SBI), a 6ª Sessão do Grupo de Trabalho *ad hoc* sobre Compromissos Adicionais para as Partes no Anexo I no âmbito do Protocolo de Kyoto (AWG-KP) e a 4ª Sessão do Grupo de Trabalho *ad hoc* sobre Ações de Cooperação de Longo Prazo no âmbito da Convenção (AWG-LCA).

Durante a COP 14, foram criados mecanismos políticos que buscassem melhorar o acordo que seria desenvolvido em Copenhague, porém os avanços continuaram no papel. O Brasil lançou o Plano Nacional sobre Mudança do Clima (PNMC), incluindo metas para a redução do desmatamento. Apresentou ainda o Fundo Amazônia, iniciativa visando captar recursos para projetos de combate ao desmatamento e de promoção da conservação e do uso sustentável na região.

COP 15

Conhecida como Conferência de Copenhague, ocorreu entre 7 e 18 de dezembro de 2009.

O encontro foi considerado o mais importante da história recente dos acordos multilaterais ambientais, pois teve como objetivo estabelecer o tratado que substituirá o Protocolo de Kyoto, vigente de 2008 a 2012.

Nessa conferência, o problema do aumento exponencial da temperatura foi a base do debate e acabou criando o velho impasse entre os países mais desenvolvidos e os mais atrasados. Por fim, a conferência encontrou a recorrente resposta dos países ricos.

A crença de que o planeta não é percebido como um conjunto sistêmico, mas como um mecanismo absoluto e imutável de fácil recuperação, parece nortear o dia a dia dos grandes capitalistas e da sociedade.

Nem pensamos na gravidade do que de fato está ocorrendo. Talvez porque não nos vemos como parte integrante do processo evolutivo.

É por isso que, quando a ciência oficial projeta no futuro as possíveis soluções para o aquecimento global, acredita que realmente a solução será encontrada.

A metáfora da realidade de novo se faz presente, ainda remetendo o pensamento àquilo em que Newton, Descartes, Bacon e os outros gênios do passado acreditavam.

É notório que, além da ciência apresentada aqui como alternativa ao paradigma dominante, outras diferentes teorias configuram resposta ao que vem ocorrendo no planeta. Esse fato corrobora nossa crença: as COPs, mesmo tendo sua importância, apresentam graves erros em sua estrutura de combate à alteração dos padrões existentes na atual organização ecológico-geológica.

4. Síntese das principais características do pensamento cartesiano-newtoniano em relação aos problemas do aquecimento global

- O universo cartesiano é fragmentado. Isso decorre de seu método, que ensina a necessidade de se dividir em tantas partes quantas necessárias para melhor se conhecer o problema (Descartes, 1987).
- Sua visão de totalidade prega que ela é apenas o somatório das partes. Essa metáfora, fundada na perspectiva de Descartes, traz, a partir de sua concepção mecanicista, a ideia de que cada parte está isolada do todo.
- A visão cartesiana da totalidade, sendo apenas o somatório das partes, acaba referenciando o mito do espaço absoluto tridimensional. Segundo esse conceito, o espaço é sempre imutável e fixo (Newton, 1987). Quando, hoje, diferentes autores, como Santos (1997), verificam que a totalidade é sempre superior ao somatório das partes, observam também que a evolução é contínua e sistêmica.
- Segundo o paradigma clássico, os fenômenos são lineares e sempre previsíveis, ou seja, o que está por vir é conhecido. A justificativa dessa metáfora se referencia em diferentes questões que estão em sintonia com a ciência daquele momento. Em primeiro lugar, naquela época era impossível para a matemática conhecer com maior precisão cálculos que hoje, com o advento do computador, são possíveis. Em segundo lugar, os trajetos eram remetidos à ideia de um espaço absoluto tridimensional, em que o tempo era absoluto, igual para todos e sem nenhuma relação externa, impossibilitando a percepção da mudança. Para conhecer o futuro, bastava projetar nas coordenadas tridimensionais

cartesianas de y e x onde, pela coerência linear, o trajeto passaria.

• No paradigma clássico, pensamos a natureza como constituída de partes isoladas; o clima, por exemplo, por estar dentro de um espaço fixo, imutável e tridimensional, é pensado como um fragmento. Hoje, nos grandes congressos e conferências, o clima é visto isoladamente em relação aos outros componentes do meio natural. Por isso, perdemos o que realmente está na base de sua mutabilidade, que é sua própria interconectividade geral com os demais sistemas ambientais.

• Assim, como a dinâmica do espaço absoluto é interna e formada por fragmentos, estes não participariam da evolução conjunta com o clima. Por isso, nossas atitudes que causam desequilíbrio ambiental seriam apenas atitudes isoladas. Como consequência dessa desinformação, os poderosos e suas políticas ambientais acreditam que, se, em alguns anos, a emissão de dióxido de carbono na atmosfera diminuir, diminuirá também o aquecimento do planeta.

• A previsibilidade linear acaba, por sua vez, dando ao homem a certeza de que controla a natureza; assim, ele imagina que, projetando no futuro o aquecimento global, pode controlar o clima do futuro.

5. Algumas teorias a respeito da questão do aumento da temperatura global

Em clara oposição ao que postulam as COPs, verificaremos aqui como o modelo de pensamento apresentado nessas conferências no mínimo se atrela a uma perspectiva de ciência, e não a uma certeza, pois, ao mesmo tempo que uma parcela da sociedade científica se prende ao debate de imaginar o futuro dentro de determinado padrão de certeza, outras teorias pensam a questão de forma diferente.

A evolução das eras e dos períodos ecológico-geológicos demonstra que as condições de calor da superfície da Terra não se processam de maneira uniforme. Períodos mais quentes se intercalam com períodos menos quentes ao longo de toda a história natural e humana do planeta (Mendonça, 2003).

As mudanças que se efetivaram no passado ecológico-geológico do planeta podem ter diferentes causas, como observa Mendonça (2003):

- externas — mudanças na órbita do planeta, variação na radiação;
- fatores internos — mudanças na circulação oceânica, na composição de gases na atmosfera (sobretudo CO_2, CH_4 e O_3), nas condições das camadas ecológicas.

Como já discutido no livro *A ruptura do meio ambiente*, de 2005, no passado geoecológico, diferentes macroclimas já existiram, demonstrando que outras combinações atmosféricas ocorreram em nosso planeta. Então, se formos analisar o passado da Terra, verificaremos que a evolução eliminou e trouxe sempre novas totalidades; por isso, muitos cientistas acreditam que as possíveis mudanças climáticas atuais não passam de pequenas flutuações naturais da temperatura do planeta e, provavelmente, a resposta à ação do homem sobre o meio (Camargo, 2002, 2005; Salgado-Labouriau, 1994; Schneider, 1998).

No passado geológico do planeta, muitas mudanças climáticas ocorreram e se sucederam em períodos glaciais, miniperíodos

glaciais, entre outros, que observaram ecologias distintas na superfície terrestre, incluindo mudanças climáticas bruscas (Mourão, 1992; Salgado-Labouriau, 1994).

Sabe-se que, ao longo da era cenozoica (era em que vivemos), diferentes glaciais ocorreram (Salgado-Labouriau, 1994), com períodos interglaciais similares ao que estamos vivendo hoje.

Sabe-se também que os períodos interglaciais têm duração menor do que as épocas de glaciação e de superaquecimento que antecedem as grandes glaciações (Mourão, 1992). Nesse sentido, estaríamos apenas retornando a esses períodos geológico-ecológicos, e isso independe do teor de gases estufa em suspensão, pois o superaquecimento seria um processo natural.

Portanto, imaginar que o projeto da ciência oficial é único é loucura; vivemos assim enjaulados em uma prisão ideológica... a nossa *matrix*.

6. Aplicação das teorias sistêmico-quânticas à questão das mudanças climáticas

Nosso imaginário da realidade ligado ao conceito de espaço absoluto nos cega da realidade ambiental; acreditamos que os fenômenos de aquecimento são apenas fruto do excesso de CO_2 na atmosfera, sem perceber que o planeta é dinâmico e ímpar em sua evolução atual.

Segundo dados do IPCC-ONU de 2001, NÃO SE DISTINGUEM CLARAMENTE AS ALTERAÇÕES IMPOSTAS PELO HOMEM DAQUELAS DE ORDEM NATURAL. Não se sabe sequer o quanto se sabe. Acreditamos que, em associação à dinâmica natural, está a capacidade humana de perturbar o sistema ambiental alterando o equilíbrio físico-químico do planeta, a superfície e a velocidade dos processos (Nunes, 2003).

A integração do processo evolutivo natural com a ação humana forma um sistema único responsável pela mudança interna dos subsistemas. Sabe-se que a mudança ocorre internamente e que, com o tempo, interfere na dinâmica maior, que é o padrão geral do planeta (Capra, 1996).

Onde, porém, se encontra essa lógica de mudança? Se imaginarmos o planeta sem a presença do ser humano, ainda assim o padrão de organização planetário com o tempo se modificará, alterando sua dinâmica. Isso ocorre quando suas estruturas se dissipam, buscando na flecha do tempo seu processo evolutivo. A presença do ser humano, entretanto, gera uma nova organização constante do sistema em virtude de como o homem espaçotemporalmente interfere na organização planetária.

Espaçotemporalmente significa que ele altera a organização dos elementos que estruturam o espaço, gerando novas composições de totalidade em um tempo próprio relativo à composição de suas variáveis internas. Isso é visível quando observamos que o modo de produção capitalista territorializa distintas formas de uso e ocupação do espaço, definidas por uma lógica que não atende aos critérios técnicos do desenvolvimento sustentável (Sant'Ana Neto, 2003). Por isso, quando cada espaço sofre um tipo específico de ocupação, também dinamiza o tempo de forma específica.

Se levarmos em consideração que o ser humano tomou conta de todos os hábitats depois de 180 mil anos em que viveu como nômade, verificaremos que ele impôs ao planeta uma nova forma de se organizar por sintropia a partir de uma nova velocidade de interposição de suas variáveis.

Com o fim da dependência da caça, os seres humanos começaram a se fixar perto de rios e lagos. Sua fixação acaba por gerar cidades e civilizações. Nesse sentido, a humanidade impôs ao planeta uma nova dinâmica planetária em uma velocidade de trocas

própria derivada dessa interferência do homem sobre o meio natural. Assim, as estruturas dissiparam-se de forma coerente com a ação humana no espaço-tempo.

Por exemplo, no campo, determinadas políticas públicas privilegiam o grande agricultor, que acaba se utilizando de alto aparato tecnológico, mecanismo que também acaba por gerar uma organização própria que interfere no meio natural criando novos processos (Sant'Ana Neto, 2003).

Desse modo, a associação dos fatos atmosféricos aos demais atributos geográficos cria um ambiente climático especial, complexo e evolutivo em que os mecanismos agem integrados e por sintropia.

A geração do novo acompanha, assim, o processo evolutivo planetário, mas também é gerada pela dinâmica imposta pela condição da cultura humana que se integra a esse processo, pois a interferência do homem promove inúmeras transformações no ambiente atmosférico, como alteração no balanço de energia primária, produção e consumo de energia secundária, canalização de águas com modificações na umidade, nebulosidade, precipitação e modificação do ar (Sant'Ana Nunes, 2003).

Tomando como exemplo as alterações do uso do solo em escala global, teleconexões do sistema climático modificariam padrões de circulação. Nunes (2003), por exemplo, demonstra que a substituição da floresta Amazônica por vegetação de menor porte tem sugerido reajustes na circulação global da atmosfera.

Assim, a atmosfera não funciona isoladamente, sendo operada apenas pela ampliação do CO_2, mas também pela dinâmica de interconectividade com a totalidade.

Deve-se entender que, pelo *feedback*, pela auto-organização e pelo comportamento adaptativo dos sistemas, a ação humana

incorpora-se diretamente na geração e na desestruturação interna dos padrões e na busca de novos padrões de organização.

7. O processo de evolução planetária

Verificando que, no planeta, todos os sistemas funcionam de forma interconectada, nota-se que o processo climático é apenas um dos elementos na grande cadeia evolutiva planetária. Se a evolução envolve a totalidade, então o que impulsiona esse mecanismo de ampliação da complexidade por sintropia é a própria constituição interna da totalidade, suas variáveis, seus fluxos, que ocorrem espaçotemporalmente.

Assim, o sistema econômico é também um impulsionador dessa evolução diacrônica, em que, sendo praticamente hegemônico, o sistema capitalista de produção altera a dinâmica do espaço-tempo do planeta.

Imagine que a velocidade suscitada pela globalização seja também imposta de forma direta aos solos, que devem produzir na escala e no tempo necessários à maximização dos lucros. Nesse sentido, diferentes complexos agroindustriais, por exemplo, dinamizam sua produção, causando muitas vezes o esgotamento dos solos, que se perdem gradativamente no planeta (Guerra et al., 2007).

A degradação de terras, segundo Guerra et al. (2007), envolve diferentes fatores naturais. Associa-se também, entretanto, à mecanização da agricultura, ao cultivo sucessivo sem períodos de pousio, além de à aplicação exagerada de produtos químicos.

Guerra et al. (2007) ainda alertam para o fato de que a degradação, dentro dos atuais padrões, tende a aumentar e que esse fator se relaciona também com o uso dos solos de forma exaustiva

na busca de produzir visando ao mercado externo dentro de políticas públicas agroexportadoras.

É importante lembrar que esses fatores ligados ao modo de produção são empíricos e conhecidos; porém, se formos dinamizar o raciocínio a partir de sua possível influência sobre o meio natural, outra dinâmica aparecerá. Os fatores que causam a perda dos solos não são apenas fruto da agricultura e de sua tecnologia, mas também naturais (Guerra et al., 2007).

Se estamos entrelaçados dinamicamente com o meio natural, então, provavelmente, o mau uso dos solos visando ao mercado e ao lucro como norma estabelece também novas relações sintrópicas para o meio ambiente, o que pode incluir alterações na dinâmica do *feedback* clima — solos, solos — ciclo hidrológico, ciclo hidrológico — clima, entre outras variações.

A crença de que tempo é dinheiro impulsiona, desse modo, a ação sobre a natureza, não respeitando o tempo natural de sua dinâmica, em que cada conjunto de variáveis se encontra sintropicamente na busca de seu caminho, dentro de seu tempo próprio. Assim, o tempo capitalista sobrepõe-se ao tempo natural, por meio da imposição tecnológica, causando diferentes problemas, como salinização, compactação, entre outros mecanismos.

Nesse sentido, as teorias sistêmicas verificam que a natureza, em sua busca constante de evolução por sintropia (Prigogine e Stengers, 1984), ao se encontrar em estado de desequilíbrio ou de desordem, passa para novo estado de equilíbrio (ordem).

Assim, um processo erosivo ocasionado pela ação do mecanismo produtivo é visto como fruto de nova busca de equilíbrio natural; mudança efetiva que se associa a novo patamar de organização sistêmica da natureza. Mesmo que soluções de engenharia possam atuar remediando ou eliminando esses processos, eles não deixam de ser a marca da evolução natural-social, pois sociedade e natureza se interconectam nesse sentido.

A ação do homem de forma exaustiva sobre seu meio natural é também uma ação que marca a evolução, ou seja, é também um processo que comunga no sentido do fluir planetário.

Para o arcabouço teórico do acaso, da auto-organização e da complexidade, o clima não é um elemento que atua isoladamente no conjunto planetário. Nesse contexto, todos os elementos interagem e perdem sua antiga hierarquia vertical, reintegrando-se em nova postura de relações e de organização que observa a essência da interconectividade dos elementos e de sua atuação (Capra e Steindl-Rast, 1991; Sheldrake, 1991; Russell, 1982; Capra, 1996).

SEGUNDA PARTE

A construção do espaço-tempo

Capítulo 3

Do tempo mecânico à Teoria da Relatividade

"A distinção entre passado, presente e futuro não passa
de uma ilusão, ainda que obstinada."

Albert Einstein

Introdução

Em meio aos erros conceituais que encarceram nosso imaginário nos modelos de análise climática, está nossa ideia de tempo e de espaço absolutos. Assim, este capítulo visa discutir a metáfora do tempo e a possibilidade da compreensão da flecha do tempo como elemento ligado ao espaço a partir da Teoria das Estruturas Dissipativas de Ilya Prigogine.

1. O tempo

O conceito de tempo atravessou a ideia do tempo orgânico, cíclico e rítmico, chegando ao tempo visto como parâmetro funcional com valor econômico e científico. Segundo Davies (1999), em contrapartida ao tempo cíclico, os judeus passaram a acreditar no tempo linear contínuo, e é esse tempo que hoje vigora como parâmetro oficial.

O antigo conceito de tempo cíclico e orgânico que acompanhava as fases da natureza foi deixando sua marca natural e, graças

a ideologias acompanhadas do aperfeiçoamento mecânico de dispositivos tecnológicos, passou a ser um tempo marcado efetivamente pela dinâmica produtiva e que se impõe ao meio natural como verdade. Essa questão é essencial ao processo produtivo quando cremos que tempo é dinheiro. Assim, associamos o fluxo linear de tempo ao processo de reprodução do capital.

Dividimos o dia em 24 horas graças à rotação do planeta; por sua vez, dividimos a hora em 60 minutos, e cada minuto em 60 segundos.

Esse registro matemático e preciso garante uma estrutura de raciocínio marcada em nossa mente ao observarmos o velho relógio de ponteiros e seu tique-taque demonstrando a passagem dos segundos e dos minutos. Dessa forma, podemos acompanhar o pulsar de nosso tipo de marcação do tempo. Compreendemos assim, com o passar da hora do relógio, um tipo de movimento. Sabemos que cada minuto flui representando 60 segundos em seu sentido de ir avante, rumo à seta linear e precisa do futuro, do que está por vir.

No passado, existiam outras formas de marcadores do tempo: os relógios do sol, de areia, entre tantos outros. Isso faz lembrar que o tempo possui diferentes verdades, constituindo diversas estruturas filosóficas.

Imagine se resolvêssemos marcar o tempo não pela sonoridade do tique-taque do relógio de ponteiros, mas pelo barulho de um trem em movimento. Considerando que o barulho que faz o trem se relaciona com o aumento ou com a diminuição de sua velocidade, teríamos outro contexto de marcação do tempo e de seu fluir, e não um tempo linear, com fluxo contínuo, dentro de um padrão de comportamento.

A partir dessa experiência, entenderíamos como o movimento desenvolvido em determinado espaço apresenta variações, pois

ao longo do caminho que o trem percorreu ele variou sua velocidade, descrevendo um movimento diacrônico em relação a nosso sentido de tempo oficial.

Dessa forma, perceberíamos que o fluir do tempo pode ser variável, descontínuo, dependendo de nosso referencial de marcação ou de como queremos perceber o fluir do tempo.

2. O que é o tempo?

> "O tempo é criado por ti
> Seu relógio soa em tua mente
> Tão logo paras de pensar
> Queda-se o tempo, jacente."
>
> Ângelus Silésius, século XVI

Provavelmente o tempo é uma criação de seu imaginário. É você quem destina o fluxo e para onde vai o sentido da flecha do tempo. Por isso, para cada civilização e cultura há uma noção de tempo, cíclico ou linear, projetado para o futuro, estático ou dinâmico, lento ou acelerado, forma de apreensão do real e do relacionamento do indivíduo com o conjunto de seus semelhantes, ponto de partida para a compreensão da relação homem/natureza.

Em nossa percepção, experimentamos uma sucessão de instantes e constatamos uma persistência em que o fluir é sequencial e aparentemente lógico. Existe, assim, uma sequência mental coerente, em que o fluir, o caminho a ser percorrido é perceptível.

Em nossa sociedade, o tempo é considerado algo linear, transitivo e matematicamente conhecido. Em nossa percepção, o tempo caminha do passado em direção ao futuro, preso a uma flecha do tempo linear e sempre para a frente, segundo o direcionamento do relógio, que segue para a frente, para o tempo subjacente.

É por isso que os conceitos de passado, presente e futuro se ligam em nosso imaginário à percepção que temos da construção do agora e da memória do passado, em que o futuro ainda está por ser preenchido. É assim que Davies (1999) discute o conceito de tempo do homem branco como uma estrada que ele trilha obstinadamente, sendo um tempo linear e contínuo.

Para nossa sociedade, de forma diferente de outras, o tempo flui direcionando a flecha do tempo no sentido de ir do passado para o futuro. O agora é o que está, o que constrói o futuro, que se torna presente.

Em todos os conceitos que marcam a dinâmica do tempo, entretanto, existe a certeza científica de que não podemos definir exatamente o que é o tempo. Por isso, segundo Einstein, a distinção entre passado, presente e futuro não passa de ilusão, ainda que obstinada (Smilga, 1966). É uma ilusão de nossos sentidos; o tempo em si é um conceito independente, uma entidade por si própria que só emergiu na era medieval europeia (Davies, 1999). Racionalizamos, portanto, uma percepção, ou seja, transformamos algo abstrato em um processo que hoje é representado matematicamente.

No passado, a percepção da realidade ligava-se ao tempo da natureza; hoje a natureza sofre a imposição do tempo do homem, o tempo inventado pelo homem e que acaba dominando o próprio homem. Assim, o antigo tempo cíclico, rejeitado pela ciência, transformou-se em algo mensurável a partir das obras de Galileu e Newton (Davies, 1999).

Massey (2009) associa esse sentido de tempo a um tempo vazio, dividido e reversível, em que nada muda, em que não há evolução, apenas sucessão; um tempo com uma multiplicidade de coisas distintas.

3. Percepções do tempo

Na natureza, existem diferentes ciclos: astronômicos, lunar, diurno, biológico e anual. Podemos também refletir que cada elemento da natureza, como uma planta, por exemplo, tem seu crescimento condicionado pelas variáveis de sua região geográfica. Assim, o solo, o clima, entre outros aspectos, determinam o tempo de crescimento desse elemento natural.

Se percebermos o tempo a partir de nossa vida, que em média dura em torno de 60 ou 70 anos, temos um tipo de percepção. No entanto, se pensarmos que o planeta tem cerca de 4 bilhões e 500 milhões de anos, nossa percepção de tempo também mudará, e, ainda, se lembrarmos que o surgimento do universo data de aproximadamente 13,7 bilhões de anos, teremos outro processo em nosso imaginário, tal como, se pensarmos que uma borboleta vive 24 horas, essa percepção se altera de forma ainda mais brusca. Já reparou que um minuto em um jogo de basquete é completamente diferente do mesmo minuto em um jogo de futebol?

4. O que está além do tempo

Segundo Davies (1999), os relativistas temporais acreditam que a verdadeira realidade reside em um domínio que transcende o tempo: a Terra além do tempo, que os europeus chamam de "eternidade"; os hinduístas, de "Moksha"; e os budistas, de "Nirvana".

Ângelus Silésius, no século XVI, observava: "Não calcules a eternidade como anos-luz de distância, pois, a um passo além daquela linha chamada tempo, a eternidade é chegada."

Por isso, a eternidade é o que está além do tempo. Viver a eternidade é viver para sempre, eternamente. A questão, entretanto, é: se o tempo passa, ele também passaria para a eternidade? Ou melhor, dentro do eterno existe o tempo? Ele flui?

Se nos lembrarmos do mundo das ideias de Platão e de seu mundo dos sentidos, poderemos traçar um forte paralelo, no qual a mudança acontece no mundo dos sentidos, em oposição ao mundo das ideias, em que está o eterno, o imutável. Assim, no mundo dos sentidos, o fluir do tempo leva ao movimento, à mudança; porém, no mundo das ideias está o sentido do eterno, o perfeito, o que não estava implicado buscando seu fluir.

E, assim como Aristóteles tem seu movimento levado pela busca da melhoria, da perfeição divina, a ideia do eterno também se associa à imutabilidade, ao nirvana, ao estado de não mutabilidade, dignificado por sua perfeição.

A eternidade, ou aquilo que está por vir, no sentido já discutido e que lembra a ideia de permanência, é um processo que muitos tentam construir (como nos casos de operações plásticas, por exemplo, ou de artifícios para retardar o envelhecimento), buscando ser jovem para sempre, eternamente, ou "até quando der". Assim, o eterno não vê o movimento, o construir do novo, nem mesmo seu surgimento (Ray, 1993).

O eterno, portanto, se dispõe no presente, no fazer, na não transformação e na permanência.

O eterno é representado pela não mudança, assim como no tempo e no espaço absolutos, que, por não possuírem nenhuma ligação externa (Newton, 1987), não sofrem alteração. São eternos!

Em nosso sistema ambiental-geológico, porém, a essência da mutabilidade está no decorrer do fluir do tempo, direcionando, em sua dialética, a flecha do tempo e das mutabilidades internas do planeta.

Por isso, erroneamente pensamos que o eterno é em si algo em movimento, embora ele seja a eternidade, portanto, o imutável, o absoluto. Davies (1999) observa: "Nós, seres humanos, incorrigivelmente retificamos: o passado e o futuro são espécies criadas do tempo que inconsciente, mas erradamente, transferimos para a essência eterna."

Esse conceito de tempo, em que o eterno se confunde com a imutabilidade, é percebido no mecanismo newtoniano de realidade, como será verificado adiante. Essa forma de pensar a realidade marca essencialmente a maneira como o próprio capitalismo encara a natureza e o tempo. Para esse modo de produção, que valida a metáfora de que tempo é dinheiro, assim como ensinou Newton, os processos naturais são imutáveis e cíclicos, descrevendo o eterno retorno.

5. O tempo dominado pelo homem

5.1. O calendário gregoriano

É certo que o surgimento do conhecido calendário gregoriano foi um marco na história da humanidade. Esse calendário é utilizado na maior parte do mundo; porém, alguns países, como China, Israel, Irã, Índia, Bangladesh, Paquistão, Argélia, entre outros, não o usam. Tem esse nome porque foi promulgado pelo papa Gregório XIII em 24 de fevereiro de 1582 para substituir o calendário juliano. Oficialmente, o primeiro dia desse calendário foi 15 de outubro de 1582 (Smilga, 1966).

Para sua implementação, diferentes formas de intervenção foram tomadas, por exemplo, o início do ano solar que ficou estabelecido no dia 1º de janeiro; a omissão de 10 dias (de 5 a 14 de outubro de 1582); a correção da medição do ano solar, estimando-se sua duração em 365 dias solares, 5 horas, 49 minutos e 12 segundos, o equivalente a 365,2 dias solares.

Sendo o calendário gregoriano invenção imposta pelo homem ocidental à realidade, ele atravessou mais de três séculos para ser implementado, pois países que não eram católicos, em que predominavam o luteranismo e o anglicanismo, demorariam para adotá-lo.

5.2. O tempo em Newton e sua apropriação pela ciência moderna

Com Newton, o conceito de tempo ganha um quadro conceitual mais aprimorado, pois ele acreditava que o tempo e o espaço são absolutos para todo o universo, sempre fluindo de forma igual e podendo ser descritos matematicamente. Chama-se o tempo newtoniano de tempo absoluto, como verifica o próprio autor (Newton, 1987, p. 156): "O tempo absoluto, verdadeiro e matemático flui sempre igual por si mesmo e por sua natureza, sem relação com outra coisa externa."

Antes de Galileu e Newton, imaginava-se que o tempo era orgânico e rítmico, tendo seu conhecimento relacionado com a intuição humana. Com Newton, porém, o tempo tornou-se algo que pode ser utilizado para, como define Davies (1999), rastrear o movimento matematicamente, portanto para apoiar a descrição na lógica da realidade newtoniana (Bohm, 1980).

Se, segundo Newton (1987), o tempo absoluto flui verdadeiro e matemático, uniformemente, sem relação com nenhuma coisa externa, o futuro é conhecido com facilidade.

Até Einstein, preso na lógica mecânica de Newton, pensava o universo como essa grande máquina que se apresentava ciclicamente e que, em virtude de sua imutabilidade, era facilmente compreensível e previsível.

Nesse mecanismo as trajetórias previsíveis dos objetos eram norteadas pelas leis da natureza (as três leis de Newton) e sujeitas às forças que o aceleravam. Assim, o tempo era universal, absoluto

e passava a segurança necessária para a ciência de então e para a gênese do capitalismo (Camargo, 2005).

Esse tempo "comportado", de fácil compreensão, é contínuo e matematicamente conhecido, é um tempo do controle, o tempo em que o futuro é previsível, que acontece isoladamente dentro de uma caixa chamada de espaço absoluto. E não apresenta interferências em seu fluir uniforme (Prigogine e Stengers, 1984).

5.2.1. O tempo absoluto

Estando relativo à velocidade escalar do planeta e agindo em um recipiente fechado e tridimensional, o tempo em Newton também vai ser considerado uma estrutura absoluta, independente, infinita, eternamente fixa e uniforme (Ray, 1993). Segundo Szamosi (1988), quando Newton descreveu o tempo absoluto como algo que flui "sem relação com qualquer coisa externa", enfatizou a independência do fluxo de tempo em relação ao meio ambiente; isso garante a imutabilidade em virtude do fato de o tempo newtoniano não receber nenhuma influência externa.

Com base na segunda lei de Newton — que vincula a força à aceleração e é ao mesmo tempo determinista e reversível no tempo — é que se conhece a dinâmica do tempo newtoniano. Se conhecermos as condições iniciais de um sistema submetido a essa lei, ou seja, conhecendo seu estado num instante qualquer, poderemos calcular todos os estados seguintes, bem como os precedentes; afinal, esse tempo é o tempo da certeza, do domínio (Prigogine, 1996; Davies, 1999).

O tempo absoluto flui sem relação alguma com as coisas externas, e, se todo o movimento futuro está matematicamente determinado, o estado do movimento presente é suficiente para

determinar seu futuro. Assim, o tempo torna-se algo redundante, pois o tempo newtoniano relaciona-se com o determinismo e a reversibilidade.

6. O tempo depois de Einstein

Por ainda estar preso ao imaginário do universo newtoniano, Einstein, segundo Hawking (2001), ficou horrorizado com a aleatoriedade e a imprevisibilidade existente na mecânica quântica e expressou esse sentimento na famosa frase: "Deus não joga dados."

Mesmo assim, a partir dos postulados de seu professor Minkowski (1864-1909), ele iniciou uma revolução que alteraria o conhecimento do espaço e do tempo, transformando-os em uma só realidade.

Tempo e espaço até então eram considerados realidades distintas, fragmentadas, porém com Einstein tornam-se o espaço-tempo, palco conceitual necessário à compreensão de fenômenos diversos para a percepção de novas realidades.[5]

---

[5] Na mesma época, Emmy Noether realiza outra síntese: a conservação de grandezas mecânicas (quantidade de movimento e do momento angular) equivale à homogeneidade e a simetrias do espaço quanto aos movimentos de translação e de rotação; e a conservação da energia mecânica equivale à homogeneidade e à simetria do tempo. Matéria, espaço, tempo e energia surgem, então, como manifestações inextricáveis da realidade física.

7. Relatividade do tempo

Para Prigogine (1996), o paradoxo do tempo só foi identificado tardiamente, na segunda metade do século XIX, graças ao trabalho do físico Ludwig Boltzmann (1844-1906). Ele acredita poder seguir o exemplo de Charles Darwin (1809-1882) na biologia e fornecer descrição evolucionista dos fenômenos físicos. Na época, as formulações das leis newtonianas eram aceitas como a expressão de um conhecimento ideal, objetivo e completo, pois as leis afirmavam a equivalência entre passado e futuro.

O segundo desenvolvimento relativo à revisão do conceito de tempo na física foi o dos sistemas dinâmicos instáveis. A ciência clássica privilegiava a ordem, a estabilidade, enquanto em todos os níveis de observação aparece o papel fundamental das flutuações e da instabilidade (Prigogine, 1996).

Hoje, as leis fundamentais são formuladas por probabilidades, e não mais por certezas. Enquanto nosso universo tem uma idade, o meio cuja instabilidade produziu este universo tem outra idade. Nessa concepção, o tempo não tem início e provavelmente não tem fim (Prigogine, 1996).

Cada sociedade tem seu sentido de tempo; as antigas, de forma diferente da atual, necessitavam acompanhar o curso do tempo e não sua medição, ou seja, acompanhar, por exemplo, as fases de um ambiente que periodicamente sofria mudanças: verão, inverno, primavera e outono (Szamosi, 1988).

Isso acontecia porque a medida exata do tempo é uma noção abstrata e difícil. Uma maneira de se comparar isso é medir "tempo" com "espaço" e observar como foram diferentes essas operações tanto na história cultural quanto na evolutiva. O conhecimento exato das medições espaciais era muito importante na evolução biológica e sociocultural, mas o conhecimento preciso das medidas de tempo não era importante como hoje (Szamosi, 1988).

Hawking (1988) analisa como a noção de tempo é desenvolvida e muda com o passar dos anos. Até o começo do século XX, acreditava-se que o tempo era absoluto, ou seja, cada evento poderia ser rotulado por um número chamado "tempo", de forma única, e todos os bons relógios concordariam com o intervalo de tempo entre dois eventos. Entretanto, a descoberta de que a velocidade da luz parecia ser a mesma para todos os observadores, independentemente do deslocamento de cada um, levou à Teoria da Relatividade, e nela foi necessário abandonar a ideia de tempo único e absoluto. Em vez disso, cada observador teria sua própria medida de tempo. Assim, o tempo tornou-se um conceito mais pessoal, relativo ao observador que o meça.

Segundo Hawking (2001), o surgimento da teoria quântica, sobretudo o da incerteza de Heisenberg (1901-1976), modifica o determinismo de Laplace (1749-1827), pois, com a mecânica quântica, pode-se prever exatamente metade do que se esperava prever do ponto de vista clássico; outras modificações trazidas pela teoria quântica possibilitariam a compreensão de que espaço e tempo não são elementos isolados e que descreviam trajetos previsíveis e instáveis.

Capítulo 4

O grave erro conceitual — o espaço absoluto: do conceito de espaço absoluto em Newton ao princípio da auto-organização do espaço geográfico

> "Nature and nature's laws lay hid in night; God said 'Let Newton be' and all was light."
> [A natureza e as leis da natureza estavam imersas em trevas: Deus disse "Haja Newton", e tudo se iluminou.]
> Frase encontrada no epitáfio de Newton

Introdução

Este capítulo tem o intuito de discutir o espaço geográfico em sua dinâmica. A princípio será debatido o conceito newtoniano de espaço, e posteriormente avançaremos em nossa proposta de verificar o espaço como conceito mais abrangente, percebendo sua mutabilidade a partir dos postulados sistêmico-quânticos.

1. O conceito newtoniano de espaço absoluto

Tanto para Descartes (1596-1650) como para Newton (1642-1727), o mecanismo das máquinas de suas épocas mostrava a perfeição que acreditavam habitar o corpo humano, bem como o próprio universo.

Segundo Newton, todo o universo era organizado de forma sincrônica e estruturado como o mecanismo das máquinas. De acordo com esse modelo da realidade, o universo era composto de peças separadas e individualizadas, mas integradas em um movimento que formulava sincronia perfeita e organizada. O traço fundamental dessa orientação é o estabelecimento da noção de natureza composta de fenômenos imbricados em uma cadeia de ligações necessárias, cuja totalidade é o simples somatório de suas partes (Christofoletti, 1999; Camargo, 2005).

Observando a mesma lógica, o espaço absoluto era constituído de peças isoladas que se juntavam sem nenhuma relação externa; nesse sentido, sendo o todo o simples somatório das partes, não havia criatividade, mudança. O conceito de espaço absoluto, sendo fechado, acabava garantindo à sociedade a previsibilidade linear e, assim, lhe proporcionando a ideia de controle do futuro e da natureza.

1.1. Síntese do pensamento newtoniano na formação do conceito de espaço absoluto

Com base no universo mecanicista, Newton pensava o espaço como um grande mecanismo organizado e sincrônico, cada "peça" dessa engrenagem exercendo uma função determinada (Camargo, 2005).

Dessa forma, Newton assim define o espaço absoluto em seu livro clássico, *Princípios matemáticos da filosofia natural* (1987, p. 156):

O espaço absoluto, por sua natureza, sem nenhuma relação com algo externo, permanece sempre semelhante e móvel: o relativo é certa medida ou dimensão imóvel desse espaço, a qual nossos sentidos definem por sua situação relativamente aos corpos, e que a

plebe emprega em vez do espaço imóvel, como é a dimensão do espaço subterrâneo, aéreo ou celeste definida por sua situação relativamente à Terra. Na figura e na grandeza, o tempo absoluto e o relativo são a mesma coisa, mas não permanecem sempre numericamente os mesmos. Assim, por exemplo, se a Terra se move, um espaço do nosso ar que permanece sempre o mesmo relativamente, e, com respeito à Terra, ora será parte do espaço absoluto no qual passa o ar, ora outra parte, e nesse sentido mudar-se-á sempre absolutamente.

Nesse sentido, o espaço absoluto era como uma caixa tridimensional com altura, largura e profundidade, isolada, com nenhuma relação com algo externo, e permanecia imóvel e semelhante, por não possuir mutabilidade. Segundo Newton, o espaço possuía duração eterna e natureza imutável (Casini, 1995).

Por isso, o movimento absoluto significa também a translação de um corpo de um ponto a outro, no sentido linear, tornando-se o trajeto futuro também conhecido; nesse modelo da realidade, portanto, o amanhã é conhecido (Camargo, 2005).

A circularidade nítida no desenvolvimento do conceito de espaço em Newton explicitava o que ele imaginava quanto ao movimento. Então postulou que todo movimento que havia no universo era semelhante à sincronia existente no interior de uma grande máquina (Camargo, 2005).

O "palco" do universo newtoniano, no qual ocorrem todos os fenômenos físicos, seria absoluto e imutável, permanecendo sempre em repouso, não havendo, assim, nenhuma modificação ou criatividade da natureza (Zohar, 1990; Camargo, 2005).

Para encontrar a localização de um objeto dentro do espaço tridimensional seria necessário estabelecer a utilização da matemática e de suas coordenadas. Assim, projetando a ideia tridimensional do comprimento, da largura e da profundidade, visualizava-se o deslocamento dos objetos dentro do espaço. Com base nessa concepção, seria possível prever fatos, e para que isso ocorresse bastava apenas conhecer a causa inicial que impulsionara o evento (Zohar, 1990; Camargo, 2005).

1.1.1. Como (re)inventamos o espaço absoluto

Por que acreditamos que a realidade se confunde com o conceito de espaço absoluto? Como essa metáfora tornou-se lógica a partir do século XVII?

A complexidade dessa pergunta naturalmente geraria uma resposta que seria uma provável tese de doutoramento; porém, faremos aqui uma breve análise tentando entender o que Capra (1996) e minha grande aluna de geografia Priscila chamam de crise da percepção: nossa visão cartesiano-newtoniana da realidade.

O imaginário social da realidade forma-se a partir de inúmeras questões que envolvem o modo de produção, o biopoder, entre outros debates. É inegável, entretanto, que os bancos escolares também são formadores de opinião; assim, a ciência que trata do espaço, a geografia, usou (e abusou) desse conceito da realidade.

Ao longo de sua existência a ciência geográfica enjaulou sua lógica em contexto próprio. Ainda me recordo das lições de geografia a que era obrigado a assistir no antigo ginasial no Colégio Militar.

A geografia era para mim uma matéria chata e inerte em que a decoreba me provocava um verdadeiro trauma com relação àquela ciência... que mais tarde seria minha grande paixão.

Não conseguia, na época, entender por que tinha que decorar nomes e temas que não me faziam pensar. Aquela ciência, "decoreba", que fragmentava a realidade, via o todo como constituído de partes isoladas e que nada me diziam. Para aquela geografia, que,

hoje sei, estava baseada nos postulados cartesiano-newtonianos, o espaço era apenas um receptáculo, um verdadeiro palco em que os eventos ocorriam, isso quando não apresentava a natureza a partir de elementos fragmentados, isolados... montanhas, vales, rios... que triste era ter de saber todos os afluentes do rio Amazonas.

Essa geografia, que rejeitava a dialética e que se prendia à descrição da realidade (que se queria ver), formou e forma diferentes gerações em todo o planeta. Assim, temendo que, com base em gravíssimo erro conceitual, não saibamos conduzir da melhor forma o planeta, devemos sempre lembrar que essa metáfora, que imagina o planeta a partir da noção do espaço absoluto, está na base da conceituação do que os grandes cientistas do IPCC utilizam como lógica de raciocínio.

Assim, rediscutir o conceito de espaço absoluto é questão estratégica para o caminho de uma sociedade ecológica necessária aos nossos dias e que entenda o planeta a partir de sua inerente e sistêmica auto-organização.

Devemos sempre lembrar que o sistema capitalista e sua ciência são essencialmente uma leitura da realidade que vê o mundo a partir de um ângulo próprio de percepção, em que a ordem newtoniana se confunde com a própria ordem capitalista (Camargo, 2009).

A geografia, por sua vez, mesmo com o advento da Teoria da Relatividade e do conceito de espaço-tempo, só recentemente, nos anos 1980, começou a compreender que o espaço geográfico não pode ser percebido como algo inerte e imutável.

Autor que propagou a ideia de espaço absoluto
Immanuel Kant (1724-1804)

Immanuel Kant lecionou na Universidade de Königsberg (atual Kaliningrado), região pertencente à antiga Prússia e atual

território alemão. E foi ali que se aproveitou metodologicamente do espaço absoluto para desenvolver suas descrições que envolviam a geografia de então.

Segundo Kant, a geografia era uma ciência empírica, e não teórica, e, nesse sentido, ela trabalhava a descrição pura e simples dos lugares. O espaço seria, então, o receptáculo desses fenômenos descritos. O espaço absoluto, no entender de Kant, dava-se, portanto, *a priori*, ou seja, era dado, não estava em construção. O espaço absoluto em Kant seguia então as regras criadas por Newton, sendo fixo, imutável e sem relação com o mundo externo; mero receptáculo.

Como o espaço se dava *a priori*, relatava-se o que podia ser "recortado" de seu interior. O espaço absoluto, sendo *a priori*, seria sua condição de possibilidade.

Autores de inspiração kantiana

O geógrafo alemão Alfred Hettner (1859-1941), assíduo leitor de filosofia, tornou-se conhecido por seu conceito de corologia e foi o primeiro geógrafo a empregar o conceito kantiano de espaço absoluto. Em sua concepção corológica, verificava, no espaço absoluto, um método que integrava as variáveis naturais e sociais, servindo para o estudo dos locais e das regiões.

Seu seguidor, o geógrafo norte-americano Richard Hartshorne (1899-1992), destaca os fenômenos organizados espacialmente como objeto essencial para a geografia. De acordo com esse autor, o espaço seria um quadro que não derivaria da experiência, sendo apenas utilizado para a experiência. Nesse contexto, o espaço seria um conceito abstrato que de fato não existe.

A visão hartshorniana traz a noção de regionalização quando associa o espaço absoluto à visão idiográfica. Assim, estabelece

uma combinação única de determinados fenômenos naturais e sociais em uma região específica. Nesse sentido, sendo o espaço um receptáculo, caberia ao geógrafo a descrição interna do espaço absoluto.

Hartshorne se preocupava em dar à geografia maior sustentação metodológica, pelo que, segundo ele, essa ciência se tornaria ciência exclusiva com método próprio (Camargo, 2005).

Em seus clássicos *A natureza da geografia* e *Propósitos e natureza da geografia*, Hartshorne procura elaborar o conceito de espaço absoluto a partir de Hettner (1859-1941) e Kant (1724-1804). Em sua opinião, caberia à geografia a análise dos diferentes elementos do espaço pela descrição que caracteriza a singularidade dos lugares em que se interconectam o físico e o humano. Por isso, Hartshorne achava que a geografia era uma ciência de síntese.

Em seu aspecto metodológico, a geografia seria uma ciência de síntese em que, sendo o espaço absoluto (imutável e receptáculo) as ações se desenvolveriam em seu interior dando a essa ciência o aspecto único de perceber a localização espacial e sua distribuição (Hartshorne, 1978; Camargo, 2005).

Hartshorne imaginava que em cada região houvesse especificidades que norteavam cada lugar; nesse sentido, ele acreditava que seu método corológico deveria descrever essas singularidades e depois verificar suas possibilidades de *links*.

Contudo, Hartshorne acreditava que esses fenômenos descritos ocorriam nesse palco conhecido como espaço absoluto, algo inerte e sem vida.

2. O movimento após o advento da mecânica quântica

2.1. O surgimento do espaço em movimento e sua confirmação científica pela geografia moderna

Nos anos 1970, o surgimento da dialética nas análises espaciais trouxe uma nova perspectiva para a compreensão da realidade e para o aparecimento de uma nova análise espacial (Sayer, 1979).

Na nova percepção, o espaço encontra-se em constante mutabilidade, descrevendo novas totalidades, que em seu desenvolvimento atravessa processos de totalização constantes (Camargo, 2005).

2.2. A geografia crítica

A construção dessa tendência que aflora nos anos 1960, de acordo com Soja (1993), vem sendo desenvolvida desde 1918, com o movimento de base marxista e que se cristaliza na teoria marxista pós-clássica, reorientando as interpretações materialistas históricas. Essa tendência, porém, pouco dimensionava o debate em torno da espacialidade em virtude de sua base historicista. Assim, como a tradição marxista é explicitamente histórica, a geografia, mesmo ganhando historicamente, perde em sensibilidade espacial, talvez porque os marxistas estariam inclinados a aceitar a concepção burguesa tradicional do espaço, ou seja, a ideia do espaço absoluto.

Só depois de alguns primeiros anos da geografia crítica é que surgem novas teorias que buscam aplicar a base marxista ao espaço, de forma que redimensione suas análises. Segundo Soja, essa transição ocorre quando alguns geógrafos começam a buscar espacializar o marxismo histórico (Camargo, 2005).

A nova geografia radical, que surge a partir de sua crise nos anos 1980, ainda segundo Soja (1993), não se prende diretamente a uma bagagem conceitual fechada e de fácil apreensão; sua característica mais ampla é sua vinculação direcionada à espacialização. Mais recentemente, a obra de Santos (1997, 1997b) demonstra com clareza que sua leitura da geografia vai muito além do conceito de espaço absoluto. Suas categorias, sua noção espaçotemporal de totalização e de totalidade, por exemplo, evidenciam que o espaço não é uma metáfora que não participa dos eventos, muito pelo contrário: ele é a própria essência do movimento, ele é a totalidade (Santos, 1997, 1997b) em constante totalização. Também de acordo com Santos (1997b), o espaço é a acumulação desigual de tempos; sendo assim, cada época possui um determinado sistema de ações, interconectado com seu sistema de objetos que evoluem conjuntamente.

Essa evolução-totalização sintetiza a ideia de que o espaço é o elemento que gera dinâmica para a paisagem geográfica. Imagine que hoje um bairro, uma rua ou um lugar qualquer esteja intrincadamente relacionado com a totalidade global, que a todo instante se dinamiza. Assim, fluxos externos e internos participam constantemente na construção dialética do hoje.

Na cidade em que vivo (Rio de Janeiro), é muito comum encontrar antigas fábricas de tecidos transformadas em shopping centers; nesse caso, essa antiga paisagem geográfica remete a novas funções em consonância com a lógica produtiva espacial atual. E, ao mesmo tempo que o passado se redinamiza, gerando rugosidades, novas paisagens substituem antigos objetos, e novos sistemas de engenharia muitas vezes são construídos à espera da dinâmica espacial que virá.

Remetemos hoje à ideia de que no lugar se manifestam redes verticais e horizontais que dinamizam constantemente o espaço, gerando fluxos de energia e matéria que auto-organizam cada região, cada lugar. Assim, a construção do amanhã se manifesta pelas combinações do hoje.

É claro que grandes revoluções técnicas são marcos espaciais mais nítidos. A atual revolução proporcionada pela informática, por exemplo, demonstra sua verdade retratada tanto na paisagem como em sua dinâmica. Quando um complexo agroindustrial (CAI) totalmente tecnificado penetra o interior do Brasil, atingindo ecossistemas frágeis, criam-se novas formas-conteúdo, pois os CAIs alteraram a estrutura do lugar, redinamizando não apenas a paisagem, mas também seu sistema de ações, criando novas lógicas, novas estruturas, gerando um novo sistema de organização espacial.

O espaço, sendo a própria totalidade em constante totalização, demonstra que o antigo conceito newtoniano de espaço absoluto é mera metáfora, ultrapassada e perigosa, para se conhecer a realidade.

2.3. A auto-organização inerente ao espaço geográfico

A complexidade[6] do atual sistema globalizado expressa-se nitidamente no descontrole organizacional a que o sistema capitalista se submete constantemente. O sistema capitalista torna-se, assim, refém de seu próprio pan-óptico, de sua cela, de sua prisão, pois se garante na possibilidade da previsibilidade como elemento crucial e teórico em suas análises e planejamentos positivistas, e, como atualmente a dinâmica das redes é imensa e possui diferentes variáveis, o futuro torna-se cada vez mais imprevisível (Camargo, 2009).

---

[6] Segundo Morin (1977), complexidade não é confusão, mas sim uma combinação de elementos dispostos sistemicamente e que geram, por auto-organização, novos patamares constantes de complexidade por sintropia, em que ordem-desordem-organização e retomada da ordem são processos contínuos.

Sistemas complexos, como a atual dinâmica da economia-mundo globalizada, só podem ser pensados à luz das teorias da auto-organização, pois suas variáveis são expostas constantemente à imprevisibilidade em razão da sua grande complexidade, ou seja, do grande número de variáveis que atuam em conjunto no espaço e que se ampliam diariamente.

Imagine que essas redes que sobrevoam nossas cidades só "pousam" em alguns lugares em que a possibilidade de reprodução do capital se manifesta (Bacelar, 1999); mesmo assim, lugares que atraem poucas ou nenhuma rede vertical também possuem redes horizontais.[7] Nesse caso, acompanhando as redes, fluxos de comércio, entre outros aspectos, participam da (re)construção das formas geográficas alterando sua estrutura, gerando um novo espaço, no qual se manifestam muitas vezes novas lógicas e novas tendências, como o rururbano.

No caso, a nova dinâmica espacial, que chamamos de rururbano, está ligada ao novo campo brasileiro, cujo espaço acaba sendo um *continuum* da cidade; assim, campo e cidade perdem sua antiga conceituação e se unificam. Aqui se verifica nitidamente como o espaço geográfico se construiu em consonância global, pois a inserção do campo e da cidade no meio técnico-científico-informacional trouxe novas lógicas a partir de fluxos de redes que integraram esses dois elementos geográficos. Portanto, essa auto-organização foi consequência dos mecanismos e dos sistemas globais que acompanharam as novas técnicas e os novos modelos produtivos.

A desconstrução do passado e a reconstrução do hoje observam a coerência da ordem sendo substituída pela desordem necessária a um reordenamento sistêmico.

---

7 Redes verticais são internacionais; horizontais são lablachianas, locais, pertinentes a áreas circunvizinhas.

Prigogine e Stengers (1984, 1997) observam que em um sistema em desordem surge uma nova etapa de evolução se auto-organizando por sintropia. Nesse processo, suas estruturas internas dissipam-se com a presença de um novo fluxo, que penetra trazendo novos patamares de evolução.

Devemos lembrar que a atual etapa de acumulação capitalista é também um sistema com diversas variáveis que se combinam constantemente, gerando novos patamares de organização.

A partir dos diferentes fluxos que o envolvem, o espaço geográfico atual é submetido constantemente a diversas redes materiais e imateriais, e a processos e funções distintos que fazem seus elementos serem mutantes. Nesse caso, a ação e os objetos combinam-se sistemicamente refazendo padrões de organização por interconectividades de escalas que incluem muitas vezes do internacional ao local.

Esses fluxos que caminham por diferentes escalas direcionam o ordenamento territorial e sua dinâmica, porém, em sua essência, o sistema capitalista é permanente gerador de entropia, criando desarranjos que muitas vezes se materializam na própria paisagem que se adapta à nova lógica produtiva (Camargo, 2003, 2009).

Assim como na Teoria Geral dos Sistemas, segundo Santos (1997), as ações externa e interna dos diferentes elementos que constituem a totalidade levam o espaço a se encontrar em evolução permanente. Santos exemplifica que, em uma nova estrada, a chegada de novos capitais ou a imposição de novas regras levam a mudanças espaciais, do mesmo modo que a evolução das próprias estruturas. Tanto em um caso quanto no outro, o movimento de mudança se deve a modificações nos modos de produção concretos. Assim, ainda segundo Santos, as mudanças na dinâmica espacial decorrem de três princípios:

1. princípio da ação externa, responsável pela evolução exógena do sistema;
2. intercâmbio entre subsistemas (ou estruturas), que permite falar em evolução interna do todo, uma evolução endógena;
3. evolução particular a cada parte ou elemento do sistema tomado isoladamente, evolução que é igualmente interna e endógena.

Sendo o espaço a acumulação desigual dos tempos (Santos, 1997c), então cada momento histórico possui determinada forma geográfica e que temporalmente vai se reestruturando, pois cada momento tem um papel e uma posição em que os elementos devem ser tomados de sua relação com os demais elementos do todo.

Novas organizações espaciais, que hoje ocorrem de forma instantânea e muitas vezes se distribuem uniformemente pelo globo, são propagadas e desmantelam a organização do espaço anterior. Sendo a dinâmica espacial cada vez mais acelerada e integrada planetariamente, então os fluxos que atravessam o planeta também se aceleram de forma diferente do que faziam em outros períodos históricos.

Por isso, Santos (1997c) analisa a organização do espaço como o resultado do equilíbrio entre os fatores de dispersão e de concentração em dado momento da história no espaço, pois a organização espacial é o conjunto de objetos criados pelo homem e dispostos sobre a superfície da Terra, refletindo uma materialidade social.

A paisagem geográfica resultante seria assim o resultado cumulativo desses tempos, diferenciando-se de acordo com a dinâmica em que se insere cada região, e, portanto, constituindo

um subconjunto que, embora se apresente como uma aparente totalidade, é parte de um todo maior ou de uma dinâmica sistêmica superior.

Cada tempo possui um conjunto diferenciado de técnicas e de relações produtivas em constante evolução, e, sendo o espaço o receptáculo e a essência desse processo, ele constitui uma realidade em constante transformação, em coerência com a lógica da sociedade em dado momento e em determinado lugar. Cada floresta, cidade ou área rural hoje reproduz uma coerência sistêmica ou subsistêmica em constante (des)construção. Sendo a totalidade sempre superior ao somatório de suas partes, ela atravessa constantemente novas dinâmicas, encontrando diferentes etapas evolutivas, ou seja, novas combinações espaciais.

É assim que o espaço, sendo a própria totalidade, foge do ideário do espaço absoluto, não se constituindo em mera abstração newtoniana em que os eventos se desenvolvem. O espaço geográfico dimensiona-se interna e externamente como uma teia de inter-relações que une o social ao natural, formando um único elo dinâmico e complexo e que se auto-organiza.

2.4. Ilya Prigogine e o movimento relacionado com suas estruturas dissipativas

Das inovações trazidas pela mecânica quântica, talvez nenhuma se aproxime mais das relações de auto-organização inerentes ao espaço geográfico do que a proposta de Prigogine (1996) com suas estruturas dissipativas.

Essa teoria nos ensina que a junção de diferentes variáveis encontra a sintropia; nesse caso, a evolução ocorre em espiral, aparecendo novos patamares de organização a cada dia, diferente

da antiga visão cartesiano-newtoniana, que se prendia à linearidade e à circularidade não evolutiva.

Aplicada ao espaço geográfico e à sua dinâmica, a Teoria das Estruturas Dissipativas demonstra como a evolução por sintropia cria outro espaço a cada novo dia em que diferentes fluxos externos e internos o dinamizam.

Nesse sentido, o processo de interação de variáveis descontínuas gerando o movimento e trazendo o surgimento do novo é fundamental. Assim, o movimento descontínuo e diacrônico que as variáveis descrevem em um determinado subsistema geográfico auto-organiza novas estruturas e, logicamente, novas formas-conteúdo.

2.5. Repensando a organização espacial e as categorias de Milton Santos

A partir da compreensão de que a totalidade é sempre superior ao somatório das partes, o espaço, sendo a própria totalidade (Santos, 1997b), traz em si o cerne da transformação e da mutabilidade. Em sua busca de compreender e explicar ao mundo essa intrincada rede de conexões que gera o movimento do espaço, Santos (1997) cria suas categorias: forma, processo, estrutura e função.

Em Santos (1997), a totalidade e seu movimento interno podem ser conhecidos a partir da compreensão dessa dinâmica, em que a forma-conteúdo é a apreensão da própria essência dialética dos processos verificados internamente na transformação por totalização de uma totalidade em outro conjunto.

A forma geográfica é em si uma expressão surgida de uma dinâmica específica. A estrutura é a própria forma em que os processos ocorrem a partir de funções determinadas.

Um processo é similar aos fluxos que penetram o interior do espaço, redinamizando-o. Assim, quando queremos dinamizar algum lugar, devemos gerar novas funções que dialeticamente se relacionarão aos processos que farão parte desse novo mecanismo.

As formas possuem inerente capacidade de estar em constante mutabilidade, superando a ideia do espaço absoluto. Assim, o espaço dimensiona-se pelas formas que se modificam constantemente pela capacidade interna de suas variáveis se dissiparem a partir dos fluxos externos e internos que modificam as estruturas internamente integrantes do conteúdo inerente às formas.

O tempo ou o processo de dissipação é uma propriedade fundamental na relação entre forma, estrutura, processo e função, pois é ele que se associa à flecha do tempo ou, como ensina Santos (1997), é ele que indica a passagem do passado para o presente. As formas, assim, se associam ao tempo em sua dinâmica relacionado ao modo como a sociedade se dinamiza espaçotemporalmente.

Segundo Santos (1997b, 1997c), a forma não reproduz os postulados positivistas, pois não é elemento geométrico imutável. De acordo com o autor, as formas não correspondem também ao somatório das paisagens, pois estão em constante mutabilidade. Assim, Santos (1997b) descreve as formas e suas formas-conteúdo em constante mutabilidade dialética.

A função é a atividade ou o papel desempenhado pelo objeto, ou seja, é a categoria que reflete as formas em sua organização. A estrutura, por sua vez, diz respeito à natureza social e econômica de uma sociedade em um dado momento do tempo: é a matriz social em que as formas e funções são criadas e justificadas (Santos, 1997b), a estrutura em que está intrincada com a maneira como as formas se apresentam como uma totalidade e assim repercutem em todas as possibilidades apresentadas pelas funções e pelos respectivos processos.

O processo é a ação realizada visando a um resultado específico e, como afirma Corrêa (2000), implica tempo e mudanças. Processo é a estrutura em transformação, e, nessa imbricação que envolve as categorias espaciais, Santos (1997b) verifica que só a relação que existe entre as coisas possibilita conhecê-las e defini-las.

Nessa dinâmica, os elementos ou estruturas do espaço em rede se submetem a fluxos internos e externos e, por isso, se mantêm em estado de mudança a partir dos processos e muitas vezes das alterações das funções. De forma similar, Prigogine e Stengers (1984) afirmam que as estruturas submetidas a processos termodinâmicos dissipam suas estruturas, levando à mutabilidade do conjunto por auto-organização ou caos.

Santos (1997b) observa que a evolução constante das estruturas do espaço relaciona-se aos constantes fluxos internos e externos: uma nova ferrovia, a imposição de novas regras (preço, moeda, impostos etc.).

Os processos em si, que se relacionam às funções, podem ser entendidos pela Teoria Geral dos Sistemas como fluxos de energia e matéria que geram dinâmicas para o espaço e, portanto, podem auto-organizá-lo. Nesse caso, as formas podem mudar radicalmente, dependendo das velocidades que lhes são impostas pelo conjunto de variáveis, que também conta com o processo produtivo e envolve a natureza em suas especificidades.

A dinâmica permitida pela aplicação da Teoria Geral dos Sistemas e das teorias não lineares ao espaço geográfico representa a possibilidade de se perceber nitidamente sua dialética, bem como o fato de que a totalidade não age fragmentadamente integrando tudo e todos.

Kosik (2002) ainda observa a abstração apresentada pela ideia de totalidade sempre se refazendo e buscando novas etapas em evolução. A esse respeito, Santos (1997, p. 94) observa:

É a realidade do todo o que buscamos apreender, mas a totalidade é uma realidade fugaz, que está sempre se desfazendo para voltar a se fazer. O todo é algo que está sempre buscando renovar-se, para se tornar, de novo, um outro todo. Como, desse modo, apreendê-lo?

É por isso que o espaço é fugaz, impreciso, imprevisível e apresentável sob a capa do espaço-tempo não como metáfora, mas como categoria analítica.

De acordo com Santos (1997b), a dinâmica que envolve as partes e o todo se associa ao sistema-mundo e ao modo de produção. O autor ressalta ainda que esse processo não pode ser percebido de maneira causal e linear, visto que, por causa de sua grande interconectividade e de seus fluxos não lineares, foge a essa metodologia de análise.

2.6. O novo conceito de geossistema: o reordenamento natural-espacial

O conceito de geossistema foi criado pelo geógrafo russo Viktor Borisovich Sochava buscando aplicar a Teoria Geral dos Sistemas ao estudo da superfície terrestre e suas paisagens naturais. Ele tentava interpretar uma fração do espaço geográfico, natural ou não, a partir da busca de conexões sistêmicas, em que cada elemento, natural ou não, interagia.

Essa importante teoria, que é um avanço, servirá de base conceitual e epistemológica para nosso trabalho. No entanto, de forma diferente da conhecida pela maior parte dos geógrafos, não consideraremos aqui a totalidade como o simples somatório das partes; neste trabalho tomaremos o todo como superior a seu somatório sempre.

Vejamos como isso se daria. Em qualquer meio natural, diferentes junções de variáveis ocorrem; por exemplo, sabemos que

existe forte influência da vegetação em relação aos animais, aos micro-organismos e à formação dos solos.

Hoje, com o tempo da produção agrícola ligado ao meio geográfico técnico-científico-informacional, ele será não só o tempo combinado da natureza (que é fruto das variáveis espaciais) como também do tempo que lhe é imposto pelo processo produtivo.

Assim, pensando os geossistemas como mecanismos de evolução sistêmica e entendendo que o lugar em si faz parte de uma forma-conteúdo específica e que também possui uma determinada singularidade, essa combinação será a própria evolução espaçotemporal dessa área agrícola.

Essa região então alterará seu microclima e as outras variáveis desse geossistema a partir de sua relação sociedade-natureza. Logo, como essa área agrícola pertence e determina uma forma-conteúdo específica, vai influir em seu processo de auto-organização também de forma específica.

O grande sistema Terra, assim, sendo formado pela interconectividade geral de todos os seus subsistemas, evolui a partir dessas informações recebidas ao longo desses 10 mil anos, desde que o homem iniciou seu processo agrícola.

A nova forma de perceber os geossistemas, então, estando ligada à ideia de que a totalidade é sempre superior ao somatório das partes, vai além do lugar em si, percebendo a dinâmica sistêmica de cada local e seus fluxos gerais de energia e matéria ligando essas estruturas a outras, alterando seu mecanismo de organização.

2.7. Espaço geográfico e mutabilidade do espaço-tempo

2.7.1. Do ecúmeno ao advento da tecnologia e à superação das barreiras geográficas

Uma das grandes metáforas vividas pelo homem nos dias atuais é a loucura de acreditar que somos senhores e donos da

natureza, os mestres do destino do planeta. Esse mito se relaciona, entre outras coisas, à crença de que nossa ciência alcançou patamares de certeza e de domínio sobre o meio natural. A cada novo evento catastrófico, porém, a incerteza e o medo se aproximam de nossa realidade.

Evidências de DNA mitocondrial indicam que o homem moderno teve origem na África oriental há cerca de 200 mil anos. Ao longo desse período, ele vem se diferenciando dos outros animais em sua relação com o meio natural. O estudo da paleogeografia, associado ao da biogeografia, demonstra que tanto os vegetais quanto os animais se relacionam com a natureza com base nos conceitos de pontes e de barreiras geográficas.

As pontes geográficas são as possibilidades de uma espécie se expandir para outras regiões geográficas, muitas vezes proporcionadas por mudanças climáticas bruscas ou por outros problemas ambientais; por sua vez, as barreiras geográficas são topografia, clima, grandes massas líquidas, descontinuidade de vegetação e falta de alimentos apropriados (Martins, 1985).

Martins (1985) exemplifica essas questões, por exemplo, verificando uma ponte geográfica em que aranhas-caranguejeiras atravessaram os Andes desde a América do Norte, adaptando-se a outros hábitats. No caso de barreiras geográficas, o autor demonstra que, quando da abertura do canal de Suez, imaginou-se que os peixes do Mediterrâneo iriam para o Mar Vermelho e vice-versa; porém, por causa da diferença de salinidade, não ocorreu a esperada troca. Essa barreira geográfica é um exemplo de como ao longo de diferentes eras e períodos geológicos com mudanças radicais no planeta os animais se estabeleciam em locais específicos.

Na verdade, as barreiras e pontes geográficas também funcionavam para determinar onde o homem habitava ou não. No entanto, à medida que a técnica, a tecnologia e o conhecimento sobre a natureza evoluíam, o homem se desprendia das barreiras geográficas.

É por isso que a lógica dos processos de ocupação do passado era reconhecidamente ligada ao ecúmeno. Áreas cujas condições naturais possibilitavam a ocupação ou áreas do ecúmeno se diferenciavam das áreas do anecúmeno, que impossibilitavam a ocupação humana.

Com o grande avanço da tecnociência, a chegada sobre as áreas anecumêmicas hoje já é possível. Essas áreas transformaram-se em áreas do quase possível, do difícil, porém não do impossível.

Dollfus (1978) observa que, antes da forte urbanização, as áreas do *oekumeno* coincidiam aproximadamente com as terras cultiváveis e suscetíveis de serem usadas para a agricultura e para a criação de gado. Citando Maximilien Sorre, Dollfus ainda verifica que o *oekumeno* é a terra habitada e mais os seus anexos: a área de expansão do gênero humano tende a confundir-se com a superfície do globo.

Por conseguinte, surge o espaço geográfico como o esteio de sistemas de relações, algumas determinadas pelo meio físico (montanhas, clima, vegetação etc.) e outras provenientes das sociedades humanas, responsáveis pela organização social e econômica, do nível das técnicas.

Nesse sentido, o espaço geográfico seria o espaço acessível aos homens, incluindo os mares e os ares (Dollfus, 1978).

Sabe-se que a ação humana transformou o meio natural em meio geográfico, pois ao longo da história as áreas do anecúmeno foram aos poucos cedendo espaço por causa da técnica e da tecnologia (Dollfus, 1978).

Segundo Dollfus, a intervenção do homem no espaço geográfico data de 6.500 ou 7 mil anos, com os primórdios da agricultura. Portanto, há 7 mil anos, além de enfrentar os problemas derivados da natureza, o homem a transformou, alterando sistemicamente sua dinâmica.

Assim, ao longo do tempo, as antigas paisagens virgens foram se transformando em paisagem modificada (como no caso das comunidades nômades) e em paisagem organizada (resultado da ação meditada, combinada e contínua sobre o meio natural) (Dollfus, 1978).

Por isso, o conceito de espaço geográfico de Jean Tricart ligava-se ao conceito de *oekumeno* dos antigos, que é todo e qualquer espaço cujas condições naturais possibilitem a organização da vida em sociedade. Ficavam, portanto, excluídos os desertos, onde era impraticável a irrigação, e os gelados domínios das altas latitudes e das montanhas elevadas (Dollfus, 1978).

Hoje, porém, desertos como o de Israel, o Las Vegas, nos Estados Unidos da América, entre outros, por causa do grande avanço tecnológico, tornaram-se áreas habitáveis.

A cada etapa evolutiva do homem sobre seu meio, caracterizava-se um tipo de intervenção. Por isso, cada novo meio geográfico, seja técnico, técnico-científico ou técnico-científico-informacional, representa uma relação sociedade-natureza.

À medida que se intensifica a dominação do anecúmeno, incrementam-se também as trocas sistêmicas que envolvem, por sintropia, a natureza e as ações da sociedade, em que a imposição das ações do homem acaba gerando novas relações sistêmicas.

A intensificação e a "dominação" da natureza vão, então, exponencialmente sendo ampliadas. Nesse sentido, cada meio técnico representa uma forma-conteúdo com estrutura determinada, ou seja, como em cada época existe uma forma de intervenção determinava-se também um tipo de degradação e de transformação sistêmica.

Martine (1996) verifica, por exemplo, que, com a informática, ou seja, com o meio técnico-científico-informacional, ecossistemas mais frágeis no Brasil passam a sofrer agressões ambientais de

maior intensidade. Por isso, os geossistemas encontram também em cada meio geográfico uma fase de evolução espaçotemporal, um tipo de sinergia e de evolução.

Nesse sentido, pensando o planeta como um conjunto de sistemas que formam o grande sistema Terra, a cada fase de acumulação se estabelecia um tipo de sintropia, uma forma de relação sociedade-natureza.

Cabe lembrar que, ao longo das diferentes eras geológicas, combinações únicas de variáveis evoluíam por sintropia mantendo seu padrão ambiental até que seu equilíbrio dinâmico se rompesse, trazendo outro ordenamento ecológico. Da mesma forma, também evoluímos continuamente, porém, de forma única, jamais vista no planeta.

Em diferentes escalas, que vão das formas-conteúdo até os meso e microssistemas ambientais, ocorrem relações de troca, fazendo do planeta um grande mosaico, similar a um caleidoscópio, em que intensas trocas de energia e matéria geram outras totalidades a cada dia e rumam, provavelmente, para a ruptura do meio ambiente atual.

Hoje, com o advento do meio geográfico técnico-científico-informacional e com a imposição sobre a natureza do tempo do capitalismo financeiro e dos sistemas online, provavelmente as dissipações se intensifiquem mais.

Possuindo tempo próprio, os geossistemas locais acabam, por sintropia, recebendo nova dinâmica temporal com a imposição do tempo capitalista, como no caso dos *agrobusiness*, dinamizando um espaço-tempo próprio, decorrente de nova relação sociedade-natureza que, ao longo dos séculos, se vem construindo e destruindo o que antes era natural.

A dinâmica natural ordem-desordem-organização (Morin, 1977), que leva os sistemas à constante totalização, tem nas ações humanas então um grande potencializador de mudança.

Assim, cada combinação — como o sistema solo em consonância com outros sistemas, como o radicufoliar e o sistema climático, que atuam em conjunto (Drew, 1994) — acaba recebendo a influência da ação do homem impulsionador da mudança em uma velocidade espaçotemporal jamais vista ou imaginada.

Capítulo 5

O espaço-tempo

"Antes mundo era pequeno/ Porque Terra era grande/
Hoje mundo é muito grande/ Porque Terra é pequena/
Do tamanho da antena parabolicamará/ Ê, volta do
mundo, camará/ Ê, ê, mundo dá volta, camará."
"Parabolicamará", Gilberto Gil

1. O espaço-tempo

Supomos que o mundo opera segundo regras fixas, criadas por nossa percepção da realidade. É incrível como nossos olhos reproduzem o que imaginamos como real; vemos o espaço separado do tempo talvez pelo simples fato de associarmos a esses elementos o que aprendemos na escola.

As análises que separam espaço e tempo e que ainda se prendem aos postulados clássicos vêm aos poucos expondo suas fragilidades ao não mais responder à realidade que demonstra a intrínseca relação existente entre o espaço e o tempo.

O surgimento dessa noção de realidade tem sua gênese no advento da Teoria da Relatividade Especial e, posteriormente, Geral, desenvolvidas por Albert Einstein, e traz como novidade a ideia de que o tempo se conecta ao espaço fisicamente, ou seja, tornam-se um *continuum*, um elemento intrinsecamente integrado (Camargo, 1999).

A Teoria da Relatividade de Einstein, de forma diferente das desenvolvidas por Galileu e Newton, torna impossível separar tempo e espaço tomando porções espaciais e porções temporais de forma absoluta, como se o tempo e o espaço fossem absolutos e universais, iguais para todos os lugares, como imaginava Newton (Smilga, 1966; Camargo, 2005).

O princípio da relatividade segundo Einstein surge a partir de diferentes proposições que passam tanto pela relatividade de Galileu quanto pelas propostas de Newton, chegando aos trabalhos topológicos de Henri Poincaré (1854-1912). Somente com a adição da dimensão do tempo às três dimensões tradicionalmente conhecidas (altura, largura e profundidade) foi possível, entretanto, o desenvolvimento desse mecanismo.

A união do tempo às três dimensões, criada pelo professor de Einstein na ETH, Minkowski (1864-1909), demonstra que a totalização é a própria evolução do espaço-tempo formada pelo que denominamos *continuum* espaço-tempo. Para o professor de Einstein, se o tempo pode ser espacializado, ao menos para fins de representação matemática, deve ser tratado como uma quarta dimensão, unindo-se às três dimensões do espaço (Davies, 1999). Nesse caso, Minkowski verificou que o deslocamento no espaço ocorre a partir de referencial temporal.

No caso do espaço, o antigo conceito de espaço absoluto, imutável, fixo e irreversível, perde seu sentido, pois o tempo é em si a dinâmica, a evolução, a mutabilidade.

E, por maior que seja o abismo que separa a natureza intuitiva do espaço e do tempo, nada dessa diferença qualitativa entra no mundo objetivo que a física se empenha em cristalizar a partir da experiência direta gerada pela Teoria da Relatividade (Davies, 1999). O que realmente é ou como cientificamente as coisas ocorrem.

Esse *continuum* quadridimensional não é tempo nem espaço, é a totalização, a evolução, o fluir, a flecha em andamento, em mutabilidade; é o movimento do devir em que espaço e tempo se tornam espaço-tempo.

O antigo conceito de espaço e de tempo perde seu valor ao compreendermos que atuam no mesmo sentido evolutivo, em que cada sub-região geográfica (espaço), com base em seus componentes (variáveis), é em si um só elemento que cria seu tempo próprio, ou melhor, cada espaço é em si um tempo próprio ou seu espaço-tempo, em que ambos se confundem em um só sentido.

2. O surgimento da Teoria da Relatividade

A ideia da relatividade surge ao longo da história da humanidade a partir da compreensão de que dois referenciais oferecem visões diferentes de um mesmo efeito.

Ao desenvolver postulados em busca de efetivar como método científico a experiência seguida da confirmação não especulativa, Galileu Galilei (1564-1642) descobriu que o movimento ou, mais precisamente, o movimento retilíneo uniforme, só tem algum significado quando comparado com outro ponto de referência. Nesse sentido, não há, no entender de Galileu, um sistema de referência absoluto pelo qual todos os outros movimentos possam ser medidos (Smilga, 1966).

Tendo a posição do sol e das demais estrelas como referencial, Galileu elaborou um conjunto de fenômenos conhecido como "transformações de Galileu", composto de cinco leis referentes ao movimento. Essas leis influenciarão posteriormente Newton na formulação de suas teorias (Smilga, 1966). Esse princípio foi também o início da Teoria da Relatividade de Einstein.

3. Postulados que influenciaram a Teoria da Relatividade

3.1. Poincaré, a relatividade e a representação do espaço

Quando Einstein desenvolveu sua Teoria Especial da Relatividade, baseou-se nos estudos de Poincaré e Lorentz (1853-1928), que já haviam construído seu conceito de relatividade com base na topologia, ou seja, na aplicação de coordenadas à representação do espaço, isto é, na matematização do espaço.

O problema dos três corpos

Em 1887, em homenagem a seu 60º aniversário, o rei Oscar II da Suécia ofereceu um prêmio em dinheiro (2.500 coroas) para o matemático que respondesse à seguinte pergunta: O sistema solar é estável? Esse problema relacionava-se ao movimento de uma partícula sólida em torno de um planeta; esse objeto seria atraído pelo astro e se comportaria com movimento circular, ou seja, o objeto sólido descreveria um movimento sincrônico em torno de um planeta, tendo em vista sua pequena magnitude e sua tendência a ser atraído por outros corpos de maior magnitudes? Ora, essa seria a lógica propagada pelos postulados de Newton em seu universo sincrônico e estável (Stewart, 1991). Se, entretanto, um corpo atrai outro, como ocorreria essa interferência com uma partícula tão ínfima? Manter-se-ia a dinâmica propagada pela ciência clássica ou ocorreriam eventos imprevisíveis e impensáveis para a época?

Poincaré ressaltou que o problema não estava corretamente estabelecido e provou que a solução completa não poderia ser

encontrada, como imaginava o rei Oscar. Nesse sentido, o mundo newtoniano recebia "um soco no queixo", pois Poincaré provaria, a partir da topologia estabelecida em sua seção, que o objeto sólido não descreveria um movimento circular ou elíptico em torno do planeta, pois estabeleceria um trajeto irregular por ser ora atraído pela massa do planeta, ora por outras massas; no trajeto caótico e não sincrônico do objeto, ocorreriam perturbações influindo diretamente em seu movimento (Stewart, 1991).

Assim, Poincaré deslocou o foco da verdade que incorporava o imaginário de então da realidade verificada em seu experimento. Seu trabalho foi tão impressionante que, em 1888, o júri reconheceu seu valor por meio de uma premiação; ainda assim, essa verdade foi tão assustadora que essa questão não provocou revolução no trâmite normal da ciência, tendo a questão sido esquecida com o tempo (Stewart, 1991; Moreira, 1993).

Para conseguir seu feito, Poincaré integrara a álgebra à topologia, ou seja, uniu espaço e tempo. Considerado universalista no conhecimento da matemática, distinguiu-se dos outros cientistas por ter conseguido unir mais de uma corrente matemática no desenvolvimento de sua resposta.

Esse processo influiu diretamente em duas questões fundamentais. Em primeiro lugar, apesar de na época não ter sido compreendido nesse sentido, o movimento caótico e não linear representou o primeiro desmoronamento da teoria newtoniana; e, em segundo lugar, a união da álgebra à topologia trouxe nova noção que seria fundamental para redimensionar o pensamento a respeito do espaço: a integração do espaço e do tempo (Smilga, 1966).

Posteriormente, em seu livro *Analysis Situs*, de 1895, Poincaré desenvolveu os conceitos de topologia algébrica, em que uniu a álgebra ao estudo da topologia ou do espaço. Nesse sentido, pretendia conhecer matematicamente o espaço, ou seja, saber como

se pode associar um determinado espaço a uma estrutura algébrica (Smilga, 1966).

Esse fato trouxe alternativa ao plano das coordenadas cartesianas e sua representação do espaço. A visão multidimensional proporcionada pela seção de Poincaré permitiria à ciência uma alternativa às coordenadas lineares cartesianas e à nova compreensão do espaço-tempo que surgiria com Minkowski (Stewart, 1991).

A seção de Poincaré representa, assim, um enorme avanço sobre o antigo plano de coordenadas cartesianas, que funcionava perfeitamente para representar o mundo newtoniano da previsibilidade. Por sua vez, a seção de Poincaré trazia a possibilidade da visão multidimensional para a ciência, que, assim, poderia verificar visualmente como um trajeto não sincrônico seria representado topologicamente (espacialmente) (Stewart, 1991).

A seção de Poincaré é similar a um caderno cujas folhas seriam as diferentes dimensões espaçotemporais atravessadas pelo evento. No caso da partícula sólida, essa representação demonstrou que o trajeto desenvolvido por esse objeto atravessou caminhos diferentes do imaginado, fugindo da tradição newtoniana do tempo e do espaço absolutos. Por isso, a seção de Poincaré é fundamental para a compreensão de que nem o espaço nem o tempo são absolutos, muito pelo contrário, o espaço-tempo é relativo às forças que atuam sobre o objeto (Stewart, 1991).

3.2. O surgimento da física quântica

Em 1900, o físico alemão Max Karl Ludwig Planck (1858-1947) propôs uma equação que afirmava que a energia térmica —

o calor — não fluía de forma contínua, como acreditava a física newtoniana, mas em pacotes de energia. Planck chamou essa tendência da luz de energia quântica. O quantum de luz tinha a habilidade de atirar para fora dos átomos alguns elétrons, de modo que essas partículas podiam tomar "emprestada" a energia dos quanta. Denominou esse fenômeno efeito fotoelétrico. Planck demonstrou que tanto a luz quanto outras ondas não podiam ser emitidas de forma arbitrária, mas em determinadas quantidades de energia (Camargo, 1999).

Contrariando a noção linear das partículas, Planck defrontou-se então com um rígido ceticismo sobre sua teoria. Para os cientistas de sua época, a teoria dos quanta não passava de simples cálculo matemático usado para dar conta do que Kirchhoff (1824-1887) havia desenvolvido sobre radiação do corpo negro em 1860. O ceticismo científico que não incorporou as inovações propostas por Planck acabou gerando um intenso debate em torno da nova teoria (Camargo, 1999).

A descrença que envolveu Planck só foi superada cinco anos depois, a partir das pesquisas desenvolvidas por Albert Einstein a respeito do efeito fotoelétrico. A Incerteza de Heisenberg, criada por Werner Heisenberg (1901-1976), também trouxe poderoso corte epistemológico no que postulava a ciência clássica ao demonstrar que a luz pode, em alguns momentos, ter o aspecto das moléculas de Newton e das ondas de Huggens (Camargo, 1999).

Graças a ela, hoje é possível entender a imprevisibilidade sistêmica. No entanto, a questão que ao lado da mecânica quântica "pulverizou" de vez a concepção newtoniana da natureza foi o surgimento da Teoria da Relatividade, como observa Capra (1983, p. 69).

As inovações mostravam que o mundo quântico trouxera certa insegurança aos físicos de sua época, pois, após trezentos anos de certezas newtonianas, tudo "desmoronava" em um universo de incertezas e de desconhecimentos; questões como a incerteza e a descontinuidade levaram cientistas a se sentirem desarticulados (Camargo, 1999).

A novidade veio então trazer novo caminho descontínuo e não linear para a sociedade; é em si o que Thomas Kuhn (1975) define como mudança de paradigma científico, em que observa que um paradigma, não servindo mais para explicar a realidade, deve ser substituído.

4. As teorias da Relatividade Especial e Geral

Graças ao surgimento da Teoria da Relatividade, a ciência se habilitou a abandonar a ideia de que o tempo flui sequencialmente; como observa Davies (1999), a ciência abandona a noção de coisas acontecendo, que lembra uma sequência ordenada e universal, e começa a considerar o tempo, à semelhança do espaço, simplesmente "ali". Massey (2009) verifica assim que a apreensão do tempo em uma sequência numérica foi pensada como sua espacialização. O tempo o é porque acontece em um espaço percorrido, ou seja, graças a um determinado espaço.

A Teoria Geral da Relatividade de Einstein transformou espaço e tempo de um palco passivo em que os eventos ocorrem em participantes ativos na dinâmica do universo (Hawking, 2001), considerando que o espaço e o tempo fazem parte do elenco, pois não são imutáveis panos de fundo da natureza. Segundo Davies (1999), tanto espaço quanto tempo são elementos físicos, mutáveis e maleáveis, e, como a matéria, sujeitos à lei física.

A Teoria da Relatividade de Einstein introduziu na física a noção de tempo como pessoal e subjetivo, e vinculou fortemente a experiência do tempo ao observador individual.

4.1. A diferença entre Relatividade Especial e Geral

A Teoria da Relatividade Especial ou Restrita foi criada em 1905 por Einstein. O termo especial é usado porque ela é um caso especial do Princípio da Relatividade em que efeitos da gravidade são ignorados. Dez anos após a publicação dessa teoria, Einstein publicou a Teoria Geral da Relatividade, que é a versão especial, mas integrada com os efeitos da gravitação (Asimov, 1990).

A relatividade restrita ou especial estuda o comportamento de objetos e observadores que permanecem em repouso ou em movimento uniforme em relação a um sistema de referência inercial. Para fundamentar a Teoria da Relatividade Restrita, Einstein postulou, com base nas equações de Maxwell, que a velocidade da luz no vácuo é a mesma para todos os observadores inerciais. Da mesma forma, ressaltou que toda teoria física deve ser descrita por leis que tenham forma matemática semelhante em qualquer sistema de referência inercial, ou seja, as leis da física devem ser iguais para todos os sistemas inerciais. Esses princípios estruturavam os postulados da relatividade (Bernstein, 1973).[8]

---

[8] Postulados da relatividade:

    1. Primeiro postulado (Princípio da Relatividade). As leis que governam as mudanças de estado em quaisquer sistemas físicos tomam a mesma forma em quaisquer sistemas de coordenadas inerciais.

5. Geometria do espaço-tempo

Diferente das coordenadas cartesianas, a geometria do espaço-tempo permite a visualização quadridimensional do movimento de um objeto. Essa projeção possibilitará em breve dinamizar espacialmente a totalização e tentar verificar como esse trajeto pode ocorrer por probabilidade (Bernstein, 1973).

Observa-se que, com relação ao espaço-tempo (de quatro dimensões), não é possível a um corpo se mover nas dimensões espaciais sem se deslocar no tempo. Isso diz respeito ao nosso próprio avanço no tempo de forma permanente e constante. Por isso, no espaço-tempo, estamos sempre em movimento, pois a representação do espaço-tempo multidimensional nada mais é do que a constatação empírica de que o movimento é eterno e constante.

Assim, esse processo se diferencia do espaço tridimensional comum, em que, na ausência do tempo, a descrição mecânica do percurso de qualquer objeto pode ser percebida de forma linear e previsível. Essa diferença se reflete na estrutura básica da geometria possibilitada por Poincaré. No universo descrito pela física da relatividade, o movimento nada mais é do que a variação de posição de um corpo relativamente a um ponto denominado "referencial".

O fato elementar de que vemos o mundo por nosso estado em movimento permite que qualquer pessoa possa perceber que ela própria é relativa. Isso, como já vimos, está presente em Galileu e

---

2. Segundo postulado (Invariância da Velocidade da Luz). A luz tem velocidade invariante igual a c em relação a qualquer sistema inercial de coordenadas. A velocidade da luz no vácuo é a mesma para todos os observadores em referenciais inerciais e não depende da velocidade da fonte que está emitindo a luz, tampouco do observador que a está medindo. A luz não requer nenhum meio de propagação (como se pensava então em relação ao éter).

foi incorporado por Newton; porém, quando Einstein verifica esse processo, ele o vê integrando espaço e tempo, constituindo o que chamamos de espaço-tempo.

No imaginário popular, no entanto, o espaço destina-se a ser ocupado pelos corpos em seus movimentos relativos, sendo ainda visto apenas como o palco em que se desenrolam os acontecimentos, em que os "atores" atuam.

O espaço-tempo da Teoria da Relatividade, porém, é constituído de local em um determinado tempo. Consideramos aqui o movimento a partir da aplicação da Teoria das Estruturas Dissipativas, de Ilya Prigogine, e do entendimento das principais teorias do campo sistêmico (caos, auto-organização, complexidade etc.) como base de reflexão teórica para a compreensão da dinâmica planetária.

Essa hipótese justifica-se tendo em vista que o planeta é um sistema constituído de diferentes subsistemas que estão em permanente troca de energia e matéria, o que está na base de seu processo de construção do amanhã, de sua totalização.

A totalização ocorre quando as variáveis de uma determinada totalidade (sejam ambientais, ambiental-sociais etc.) se movimentam, fluem a partir da dinâmica sistêmica a que ela é submetida. Qualquer sistema possui fluxos externos, internos, *feedback* etc. Assim, esse movimento, que estava ordenado, entra em estado de desordem em busca de novo estado de equilíbrio (Teoria da Complexidade, Teoria do Equilíbrio Dinâmico).

Esse processo em si, se entendido pela Teoria das Estruturas Dissipativas e aplicado à relatividade do espaço-tempo, demonstra que a mutabilidade desse sistema dependerá de como suas variáveis (internas) e as ações a ele externas vão acontecer.

Ao percebermos que o tempo de mutabilidade é relativo ao espaço (e suas variáveis), verificamos também que o que está

implicado, ou seja, o que se está construindo é relativo a seus elementos e a seus fluxos, e assim esse subsistema específico contribuirá para a organização geral do sistema Terra.

A auto-organização que se processa no espaço-tempo é a própria construção do amanhã a partir de sua intrínseca complexidade; é a totalidade em totalização.

6. Espaço-tempo e modelo agrícola no Brasil: um exemplo

Introdução

Na tentativa de tornar empírica a dimensão espaço-tempo e entender melhor seu dimensionamento, nesta seção, vamos analisar a dinâmica dos modelos agrários nacionais em seu processo de totalização. Para isso, aplicaremos as categorias espaciais de Santos (1997) adaptadas à bagagem conceitual sistêmico-quântica e aos geossistemas.

Para conhecer como ocorre o processo de totalização, vamos verificar os paradigmas que definem espaçotemporalmente os diferentes meios técnicos que se estabeleceram ao longo do tempo no campo brasileiro. Buscamos assim compreender como em cada etapa técnico-científica se organiza o espaço. Para isso, vamos analisar as diferentes formas-conteúdo que se sucederam ao longo do tempo, demonstrando que o espaço geográfico é a acumulação desigual de tempos (Santos, 1997c).

Tendo como dimensão inicial de análise a estrutura, pretendemos conhecer como se ordenam espacialmente os principais elementos que constituem essa categoria geográfica. Nesse sentido, entendemos o espaço a partir da inerente interconectividade entre

seus sistemas de objetos e seus sistemas de ações. Precisamos, portanto, conhecer como se dimensionava a paisagem para percebermos como se organizavam em cada período técnico seus sistemas de ações.

O conhecimento das funções será relacionado ao modo de organização dos processos. Nesse sentido, serão verificados os fluxos locais, fator necessário para a compreensão dos mecanismos de trocas e de redes que envolvem as funções.

A função, então, passa a ser a matriz do movimento de totalização, pois sua alteração está relacionada à mudança dos processos e, assim, com a reestruturação da estrutura e das formas-conteúdo. Em um momento histórico no qual o aprimoramento técnico é constante, a aplicação desses sistemas de objetos no espaço acaba criando também novas funções que alteram a dinâmica local.

A análise das diferentes formas-conteúdo, a partir da dinâmica técnica de cada etapa delimitada a partir do trabalho de Santos et al. (2001), será nossa ferramenta para entender a dilatação/contração do espaço-tempo.

6.1. Bases conceituais

6.1.1. As formas-conteúdo e as categorias de Milton Santos

Buscando explicar os mecanismos de totalização e de evolução por complexidade dos modelos agrários nacionais, vamos aplicar as categorias espaciais de Milton Santos nas análises de cada grande paradigma técnico retratado no espaço geográfico. Nesse sentido separamos essas fases espaciais verificadas nos grandes padrões agrícolas como o modelo encontrado no meio técnico, no meio técnico-científico e no meio técnico-científico-informacional. Nosso objetivo será analisar como se organiza o espaço em cada momento, ou seja, como as categorias do espaço estão dispostas em cada fase técnica capitalista.

Toda época tem seu espaço-tempo próprio, sendo as estruturas a base espacial desse momento geográfico. A alteração de sua dinâmica a partir da inserção de novas variáveis técnicas acaba suscitando novas relações de troca, pois, alterando as funções, mudam também os processos e, assim, se redimensionam as formas-conteúdo.

A estrutura é a base, a teia que diz quem é a forma-conteúdo. E, como o espaço está em constante mutabilidade, são esses pontos que se movimentam em virtude da sua sintropia interna, seus fluxos externos e seu *feedback*.

Neste texto, analisaremos a mutabilidade que se processa nas estruturas, pretendendo verificar como se processa espacialmente a totalização.

Verificaremos como grandes rupturas do modelo agrícola determinam novas funções e, logo, novos processos redinamizando as estruturas e, logicamente, as formas-conteúdo. Por isso, a transição dos complexos rurais para a agroindústria e, por fim, para os complexos agroindustriais.

A alteração das formas-conteúdo representa a reorganização espacial materializada na paisagem e nos fluxos que cobrem os territórios.

6.1.2. A relação sociedade-natureza e a mutabilidade espacial

A dinâmica suscitada pelas transformações dos modelos agrícolas, descrevendo diferentes formas-conteúdo, acaba também

alcançando diferentes graus de magnitude de interferência do homem sobre seu meio.

Lembrando que em qualquer relação entre sistemas ambientais, como na relação solo/clima/vegetação, a alteração em um dos sistemas integrados acarreta a mudança na dinâmica que envolve todos eles (Drew, 1994). É por isso que a dinâmica espaçotemporal produtiva capitalista deve ser relevada, pois, em cada momento dos distintos modelos técnicos agrícolas um tipo de tempo é introduzido, alterando a dinâmica do tempo natural e, por sintropia, gerando um tempo só, fruto da lógica produtiva capitalista combinada com o tempo natural.

A não utilização do espaço e do tempo como elementos fragmentados e absolutos visa à compreensão do modo como a flecha do tempo se expande por dissipação e aumento de complexidade. Nesse caso, buscamos conhecer as possibilidades de compreender como e a que velocidade estamos estimulando a desordem na geração de novas ordens e, assim, perceber nossa possível ruptura do meio ambiente, ou melhor, o possível fim do atual padrão geológico-ecológico.

6.1.3. O mercado financeiro e sua dinâmica em redes: a agricultura moderna e os geossistemas

Uma das principais características da globalização é sua materialização no espaço, seja a partir da geração de novas paisagens, seja com a dinâmica das infovias ou mesmo com a criação de novas funções espaciais, gerando rugosidades e outras questões.

Martini (1996) ainda demonstra que a informática possibilita a penetração de ecossistemas antes pouco perturbados. O autor verifica como esse processo acarreta também diversos problemas ambientais e possível prejuízo em custos ao meio ambiente.

É nesse sentido que o mercado financeiro, ligado à economia globalizada, se torna legítimo criador de paisagens geográficas. Da mesma forma, os complexos agroindustriais recebem grandes investimentos e expõem os solos e o microclima a diversos problemas ambientais que misturam a velocidade suscitada pela racionalidade do capitalismo com o tempo natural, provocando diferentes mecanismos que podem levar à perda dos solos e a outros problemas ambientais.

Guerra et al. (2007) alertam para o fato de que somente 11% da área mundial não apresenta limitação para o uso agrícola, e, mesmo assim, 38% de todos os solos agricultáveis já foram degradados e se perderam. No total, Guerra et al. verificam que 562 milhões de hectares se perderam por mau uso dos solos. Problemas como selagem e compactação dos solos, ligados à mecanização, salinidade e toxidade relacionada ao manejo hídrico malrealizado, cultivo sem pousio, aplicação exagerada de produtos químicos, pesticidas, fertilizantes, entre outros processos, acabam gerando problemas ao solo e à produção de alimentos.

Assim, a redinamização do espaço proporcionada pelas grandes corporações materializadas nas novas formas geográficas do campo acaba sendo também um impulsionador de novas relações sistêmicas que envolvem em uma velocidade própria a mutabilidade interna dos geossistemas. E a relação sociedade-natureza faz do antigo meio natural um meio geográfico que se reordena em busca de novos patamares de ordem a partir da velocidade dos mercados e com a lógica da globalização.

Como a agricultura suscita novas relações de troca entre os sistemas ambientais, acreditamos que sua totalização constante, impulsionada pelo meio técnico, esteja colaborando exponencialmente para a ruptura do meio ambiente.

Por isso, entender a evolução espaçotemporal do processo agrícola nacional foi o exemplo escolhido para exemplificar

empiricamente como ocorre a dinâmica sociedade-natureza e sua presença na base do provável rompimento do atual padrão ambiental.

6.1.4. Os meios técnicos e os modelos agrícolas

Meio natural

Segundo Santos et al. (2001), esse momento marca a utilização dos recursos naturais necessários à sua sobrevivência sem realizar grandes transformações ambientais. Sem esquecer que as sociedades que habitavam o Brasil possuíam também suas respectivas intervenções no meio natural, os autores observam que as transformações impostas às coisas naturais já eram técnicas, entre elas a domesticação de plantas e animais.

Meio técnico

Para Santos et al. (2001), o meio técnico ocorre quando o homem passa a mecanizar o espaço construído por objetos culturais e técnicos, e com isso os países se diferenciam pela quantidade e pela qualidade do nível técnico empregado na produção.

O Brasil possuía, então, baixa densidade de redes que o integravam internamente; nosso território apresentava semelhança espacial com um arquipélago, sendo as unidades estaduais pouco articuladas (Santos et al., 2001).

O Brasil arquipélago possuía redes, em geral, com o mundo externo, ou seja, com metrópoles, reproduzindo o mecanismo colonial da venda de matéria-prima para o mercado internacional. Foi o caso da cana-de-açúcar no Nordeste e do café no Sudeste. Esse era o Brasil rural-agrário de base agroexportadora.

A base do modelo era formada por complexos rurais, que se caracterizavam por divisão interna do trabalho, cujo gerenciamento respondia a mecanismos cartesianos, como a divisão em diversas funções, mesmo fora do período produtivo.

Esse mecanismo acabava garantindo relativa autonomia do campo em relação à cidade, pois tudo era produzido e consumido no próprio local. Por isso, o fluxo em rede era limitado, as trocas e as informações se davam no nível local. As cidades, por sua vez, possuíam funções ligadas sobretudo ao comércio.

No caso do campo, suas características mais marcantes eram:

- presença do setor primário como elemento aglutinador;
- baixa densidade populacional;
- vida simples em comunidades que, mesmo distantes, se mantinham presas a um núcleo, em que se encontravam a igreja, o mercadinho, a praça central etc.

Fronteira agrícola

Nesse momento, dimensiona-se a expansão da fronteira agrícola em áreas específicas, como a região Sul, que recebiam grandes contingentes de imigrantes de diferentes países. Bernardes (2006), debatendo o avanço do extremo sul em direção ao norte do Paraná, ensina que a fronteira está relacionada ao meio técnico aplicado ao cultivo e assim explica a chegada dos imigrantes, que recebiam o apoio do Estado e das empresas responsáveis por sua contratação.

A pouca densidade das redes que se manifestavam no campo se relacionava também à pequena área usada pela agricultura no Brasil (Waibel, 2006). Nesse sentido, Waibel verifica que,

segundo o censo de 1950, apesar do discurso de ser o Brasil um país essencialmente agrícola, apenas 2,2% de todo o território nacional era cultivado.

Isso, em sua opinião, é paradoxal em virtude da extensão de nosso território. Por isso pensava que a expansão da fronteira agrícola era necessidade para o desenvolvimento do país.

Nessa época, os problemas ambientais estavam ligados a questões como a prática da queimada na agricultura, como no caso da expansão de sulistas do extremo sul em direção ao norte do Paraná em busca de terras cultiváveis (Bernardes, 2006). E, como o espaço territorial nacional ainda não tinha sido dominado no sentido de sua efetiva ocupação, as trocas sistêmicas com a totalidade, causadas pela degradação ambiental, ainda não alcançavam grandes magnitudes.

As formas-conteúdo daquele momento respondiam à lógica produtiva traduzida na paisagem de um país rural-agrário, portanto, de um campo que se isolava dos centros urbanos. Sendo assim, os centros urbanos constituíam em si uma estrutura própria, cujos processos pouco ou nada invadiam o meio rural. Por sua vez, à medida que a indústria vai se instalando no território e criando um *continuum* espaço-tempo com o campo, intensificam-se também as redes que ligam esses dois universos até então distintos.

Percebendo que ao longo do tempo a cidade e o campo vão se transformando em um só *continuum* espaçotemporal, verificaremos também que a influência da cidade ampliará as demandas poluidoras e de degradação no campo.

Meio técnico-científico

Depois de o nosso país ter passado da fase rural-agrária, com o fim da Segunda Guerra Mundial inicia-se o período técnico-científico que tinha como uma de suas características mais marcantes o lançamento da dominação do mundo pelas firmas multinacionais, trazendo consigo sua ciência e sua técnica. Essa foi a época em que a ciência se incorporou definitivamente ao ordenamento do espaço (Camargo, 2009; Santos et al., 2001).

Ordenamento esse que tinha no planejamento, decorrente da relação capital/Estado, uma das maiores manifestações da intencionalidade, da intervenção direta na gestão do espaço e, portanto, das formas geográficas.

Nesse momento, as indústrias internacionais se estabeleciam em países periféricos buscando mão de obra barata, incentivos do governo e outros privilégios gerados pelo lugar.

Os anos 1950 marcam o início do processo de industrialização e de interconectividade entre a cidade e o campo, sendo a produção agrícola manufaturada na cidade.

Por isso, novas técnicas são inseridas no campo, redimensionando-o na busca de maior produtividade. Nesse caso, aumenta-se com o tempo também o consumo de agrotóxicos e outros elementos criados e introduzidos visando à lucratividade.

A dimensão das redes ampliava-se atravessando novas dinâmicas que envolvem as cidades e o campo. A forma-conteúdo sofre assim alterações bruscas por causa de novos processos que agora intermedeiam a relação que se estabelece entre campo e cidade.

Esse período estende-se dos anos 1950 até os anos 1970 do século XX, quando tem início a fase de desenvolvimento da informática no globo, e marca também a expansão da articulação espacial em direção ao Centro-Oeste e à região Norte. Nos anos 1960 e 1970, o governo cria condições para estabelecer esse processo por meio de diferentes políticas que possibilitam a criação de vias de circulação, como a Belém—Brasília e a Cuiabá—Santarém (BR 163).

Visualizando essa evolução, por totalização, percebemos que antigas regiões opacas se tornam luminosas (Santos, 1997), ou

seja, regiões pouco tecnificadas (opacas) vão aos poucos se iluminando, tecnificando-se cada vez mais tanto no Centro-Oeste quanto na região Norte.

Nesse momento, a técnica torna-se o elemento explicativo do espaço (Santos, 1997), sendo associada às ações locais geradas e redimensionadas pelo mecanismo que a envolve.

A escolha do lugar em que as técnicas serão inseridas se relaciona diretamente com suas possibilidades. Os atores escolhidos vão direcionar a melhor técnica para cada atividade específica. Pois, como observa Santos (1997), é o espaço que define quais são as técnicas necessárias para aquele lugar.

Nesse sentido, acompanhando a fronteira agrícola em sua penetração no território nacional, estão a degradação e a ampliação do desequilíbrio natural que de forma constante se amplia sobre o Centro-Oeste e a região amazônica.

Meio técnico-científico-informacional

A partir de 1970, com o advento da informática, territórios nacionais começam a se redimensionar espacialmente, e assim uma nova composição da paisagem e das relações sociedade-natureza torna-se real. A totalização que essa novidade desencadeia aos poucos se transforma em nova totalidade.

No caso do campo, sua reestruturação passa, muitas vezes, por sua redinamização a partir de novos objetos técnicos que estabelecem novas relações ambientais e que fazem parte de uma nova estratégia capitalista que acaba vinculando cada vez mais o campo à cidade, transformando a antiga dualidade em intensa rede de fluxos que se relacionam a um novo *continuum* espaço-tempo unindo o rural ao urbano.

Assim, da antiga agroindústria surgem os complexos agroin-dustriais (CAIs). Esse novo mecanismo se associa diretamente ao modo como se dimensionam as redes globais e como se orga-nizam os grandes grupos econômicos que visam ao lucro global-mente.

O agronegócio (*agrobusiness*) associa-se diretamente à forma de materialização das novas paisagens. Essa nova paisagem tecni-ficada e informatizada demonstra como e por que a globalização é a fase máxima da internacionalização do capital, pois nela se acentuam as redes globais, trazendo ao campo brasileiro investi-mentos de todo o planeta. Por isso, a nova dinâmica rural será composta também de diversas redes e fluxos que atravessam a fronteira territorial a fim de dar ênfase à rentabilidade em busca da lucratividade.

Empresas como a Belgo-Mineira, a Aracruz e a Light, entre outras grandes corporações, tornam-se proprietárias de terras, e, no contexto dos *agrobusiness*, diversos investimentos de setores variados participam também dos frutos dessa produção. Nesse sentido, como um grande mecanismo em rede, o agronegócio associa indústria, sistema bancário e o mercado financeiro na busca de resultados econômicos.

Por isso, a definição conceitual dos complexos agroindustriais não se limita mais apenas à relação cidade-campo local; ela passa a ser internacionalizada. A ideia de cadeia produtiva associa-se, assim, à visão sistêmica segundo a qual agricultura, indústria e sistema financeiro se integram em uma nova dinâmica que incor-pora nova estratégia organizacional na qual no montante está o fornecimento dos bens de produção, com máquinas e insumos, e na jusante está inicialmente o setor agrícola e novamente a indústria, que transforma e distribui os produtos agrícolas e alimentares (Elias, 2007).

Essa rede que integra diferentes setores de atividades, conhecida pelos franceses como *Filière*, gera cadeias de relações que dimensionam espacialmente o campo em relação a diversos grandes centros urbanos internacionais e nacionais.

É por isso que os CAIs configuram novo padrão, pois emergem ligados à dinâmica intersetorial, e não mais apenas à questão agrícola ou da agroindústria.

A nova relação cidade-campo

Segundo Santos (*Por uma outra globalização*, 2000), com a nova lógica produtiva agrícola, as cidades de pequeno e médio porte são refuncionalizadas e passam a fazer a gestão da produção do campo. Nessa nova funcionalidade, sistemas de engenharia penetram áreas de pouca ou nenhuma tradição tecnológica, reorientando também as estruturas locais e, portanto, gerando novos fluxos a partir dos novos processos que agora surgem.

Geossistemas

Com o meio técnico-científico-informacional, o campo ganha novos componentes tecnológicos acompanhados de infraestrutura de transporte e de redes informacionais que buscam a ampliação da produção e, sobretudo, a circulação dos insumos, dos produtos, do dinheiro, das ideias e das informações (Santos, 1997c).

A nova dinâmica informacional, porém, também traz diferentes mecanismos ligados a novos problemas ambientais e à dinâmica que a informática possibilita para que os grandes investimentos recheados de tecnologia possam penetrar áreas naturais mais frágeis, como o Centro-Oeste e a Amazônia legal. Nesse sentido, diferentes ecossistemas acabam sendo tecnificados, gerando:

- ampliação do processo erosivo;
- quebra dos ciclos biogeofisicoquímicos em rios etc;
- salinização (graças à irrigação realizada de maneira incorreta);
- perda de nutrientes fundamentais para os ciclos naturais dos solos, entre outras questões.

No caso brasileiro, a região Centro-Oeste acaba recebendo intensa densidade de maquinário agrícola acompanhada de muita aplicação de fertilizantes, de tecnologias e de uso de biotecnologia (Elias, 2007).

Nesse sentido, a agricultura globalizada de produtos como soja, milho, algodão e arroz acaba propiciando aos solos intensas trocas sintrópicas e alterações na dinâmica ambiental local.

Portanto, acompanhando a penetração das áreas do Centro-Oeste e da Amazônia brasileira, novas trocas sistêmicas entre os geossistemas acabam redinamizando o antigo equilíbrio local em velocidade ímpar.

A incorporação da biotecnologia aos negócios agrícolas intensifica também essas trocas sistêmicas, no sentido de que cada sistema ambiental acaba recebendo a influência de novas composições geofisicoquímicas em sua interconectada dinâmica.

Essa dinâmica demonstra como as ações comandadas pelas grandes corporações afetam o equilíbrio tênue encontrado nos geossistemas. No caso da soja, por exemplo, desde os anos de 1970, esse processo se vem intensificando (Bacelar, 1999) à medida que tanto o governo quanto o grande capital se beneficiam de sua exportação. Para se ter uma ideia, a produção da soja aumentou dos anos 1970 para os anos 1980 385,65%; nesse sentido, nos anos 1980, a soja liderava a produção local.

Hoje, com os avanços da chamada "agricultura de precisão", esse processo se realiza por meio de informações obtidas via satélite, com mapeamento e conhecimento detalhado do terreno, combinados ao uso de GPS e das inovações mecânicas e químicas.

Por isso, as relações que a tecnificação impõem à natureza relativas ao cultivo massificado da soja se intensificam exponencialmente na região Centro-Oeste, criando intensos fluxos de energia e matéria entre os geossistemas locais.

É assim que o tempo da produção capitalista acaba se impondo ao tempo da natureza, criando um tempo diacrônico, que efetiva novas trocas geossistêmicas interferindo no equilíbrio do padrão ambiental local e global.

6.1.5. A totalização e as relações sociedade-natureza a partir dos modelos agrários no Brasil: a dinâmica do espaço-tempo

As revoluções espaçotemporais por que a produção agrícola passou no Brasil estão relacionadas diretamente à inserção de novas técnicas e tecnologias e às demandas produtivas globais. Nesse sentido, verifica-se como as paisagens geográficas se redinamizam, encontrando novas formas-conteúdo constantemente.

Em cada nova etapa, uma totalidade, uma estrutura própria, em virtude das novas funções, gera novos processos que, em virtude da tecnologia, também se relacionam com uma nova temporalidade.

Em cada etapa produtiva, uma estrutura dignifica uma forma geográfica, na qual se dimensionam paisagens e ações próprias. Assim, cada totalidade, ao receber novos aparatos técnicos e científicos, graças a rupturas de paradigmas produtivos, acaba passando por processos de totalização espacial.

Esse mecanismo de transformação se materializa na paisagem geográfica e em suas ações, e pode ser analisado a partir das formas-conteúdo de cada etapa produtiva.

Em cada etapa, um conjunto de variáveis e ações, compondo a estrutura, funções próprias e processos específicos que interagem dialeticamente com essas funções, demonstrará que cada organização espacial corresponde a uma época.

Por sua vez, cada etapa significa também uma relação de troca com os sistemas ambientais e com seu tênue equilíbrio. A ampliação da complexidade se verifica, assim, em conjunto, em que o econômico e o social geram as trocas geossistêmicas em cada etapa de forma sistêmica. Em cada época, um espaço-tempo próprio, uma dinâmica dissipativa específica.

O grande problema se verifica no aumento da complexidade da tecnificação das relações produtivas, em que os solos, o clima e os outros sistemas acabam intensificando com mais velocidade suas dissipações.

A totalização, porém, não ocorre de uma hora para outra, mas aos poucos, à medida que novos objetos são colocados em um determinado lugar, impulsionados pelo avanço técnico e científico, e os processos são também alterados, e se renova a dinâmica, entrando novamente em estado de ordem. Assim, aos poucos se reordena espacialmente o lugar, demonstrando que a totalização é diária.

As escalas em que esse mecanismo ocorre podem ser totalmente diferentes; essa não é a questão. A mutabilidade que envolve a relação sociedade-natureza vai da microescala às escalas maiores que atuam no nível internacional. Nesse sentido, os fluxos associados a redes verticais impulsionarão o novo, tal como, na microescala dos sistemas ambientais, esse processo também ocorrerá. Aqui, porém, não existe uma escala de valoração, visto que a mutabilidade planetária se relaciona à totalidade dos subsistemas que comungam do mesmo intuito: gerar a evolução.

O aumento da complexidade e a auto-organização constante da natureza local refletem-se em novas dinâmicas que se verificam na paisagem pelas perdas constantes dos solos, em meso e macroescala, relativas a fatores que podem ser impulsionadores da ruptura do meio ambiente.

6.1.6. Quadro explicativo do processo de totalização

Revolução Industrial	Meio técnico-científico	Estrutura agrícola	Organização do capital	Relação sociedade-natureza e auto-organização
1ª Inglaterra	Meio técnico	Complexo rural	Capital rural (agrícola)	Perda do solo pela monocultura
2ª EUA — automobilística e petroquímica	Meio técnico-científico	Agroindústria	Capital industrial, capital agrí-agrícola (indústria ligada à produção do campo)	Compactação pelo maquinário etc.; perda dos solos etc.
3ª Japão — informática, sistemas online	Meio técnico-científico-informacional	Complexos agroindustriais (CAIs)	Mercado financeiro (interse-torial)	Incremento de modernas técnicas de aumento da produção gerando salinização, toxidade, compactação Uso de transgênicos possibilitando futuros problemas ambientais e bioéticos

7. A dinâmica do espaço-tempo: como ocorre a totalização, ou seja, como se dissipa o tempo, gerando a evolução por aumento da complexidade — o movimento de totalização

7.1. A função como elemento impulsionador da mudança

Na cidade do Rio de Janeiro, funciona, sob o viaduto de Madureira, um lindo projeto que envolve hip-hop e resistência cultural. Esse projeto, originado do desejo popular, vem demonstrando que o viaduto agora possui outra função; ele é multifuncional e, portanto, gera novos processos que podem ser, por sua vez, geradores de nova realidade (Paixão, 2010).

Aplicando ao caso as categorias de Santos (1997b), verificamos que a alteração de uma função altera também o processo, e, por isso, a estrutura se modifica. Esse processo é o próprio movimento de totalização.

Outro exemplo está na transformação da função da antiga Fábrica de Tecidos Bangu, atual Bangu Shopping.

Na verdade, se as funções foram alteradas, então os processos também o foram; logo, a estrutura se renova e surge nova forma-conteúdo.

Nesse caso, o novo Bangu Shopping, diferentemente da antiga Fábrica Bangu, passa por outros mecanismos de totalização, pois sua estrutura é outra, são outras funções, outros processos dinâmicos — outra estrutura que percorrerá na flecha do tempo a relatividade de suas variáveis espaciais.

Multifuncional, multimudanças

Quando um determinado espaço possui multifunções, os processos que derivam desse conjunto de funções são também variados. Lugares muito luminosos, que apresentam variado conjunto de sistemas técnicos e de tecnologias (Santos, 1997b), são lugares normalmente multifuncionais. A alteração da dinâmica é também proporcional a essa multivariedade de funções e processos.

A estrutura é alterada, nesse caso, em velocidade diferenciada também. Como a função impulsiona a mudança, sua alteração, mesmo que gradual, também funciona para alterar a velocidade da flecha do tempo e da evolução por totalização, pois, sendo a totalidade sempre superior ao somatório das partes, então o que surge como fruto da junção das variáveis é a nova totalidade.

Sendo assim, se novas funções ligadas ao aumento da complexidade técnica acontecem, novas funções ocorrerão, e, portanto, novas dinâmicas espaçotemporais também.

A estrutura também se redimensionará em virtude do novo conjunto técnico. Isso é demonstrado diariamente quando novas tecnologias invadem o campo, comandadas pelos *agrobussiness*.

Contudo, quando a mudança atinge grandes paradigmas produtivos do campo, como na passagem da agroindústria para os complexos agroindustriais comandados pelo mercado financeiro e pelos grandes grupos econômicos, então a mudança das funções e da dinâmica da forma-conteúdo é alterada de maneira única, fruto da nova combinação que refuncionaliza o campo, gerando totalizações proporcionais à nova dinâmica.

TERCEIRA PARTE

Evitando a ruptura do meio ambiente

Capítulo 6

O planeta e seu processo evolutivo: evitando a ruptura do meio ambiente

"Quais são as raízes do mal?
A cobiça, o ódio e a ilusão."
Sidarta Gautama, o primeiro Buda

Introdução

Cada lugar possui um conjunto específico de coisas, pois são os elementos geográficos que diferenciam as áreas. É o conjunto de coisas existentes em um lugar associado a seus fluxos que determina o que ele é, em que vai se transformar, como será no futuro.

Por isso, cada lugar contribui de sua maneira para a evolução planetária. Vivemos em cidades em que o asfalto, o concreto dos prédios, a mudança na circulação dos ventos e diversos outros fatores alteram a dinâmica do clima local ao longo do tempo; em alguns lugares, mais ou menos ruas, aeroportos de dimensões gigantescas ou pistas de pouso, grande quantidade de prédios ou não. Cada região possui sua realidade socioeconômica, então cada área, por possuir também um conjunto diferente de coisas, influi nas alterações da dinâmica natural de forma desigual.

É o natural que se une ao social criando um só conjunto, um espaço-tempo próprio, único, que contribui para a totalidade de maneira também ímpar.

1. A dinâmica ambiental e o lugar

Assim como em um caleidoscópio, cada lugar é um conjunto em constante transformação por totalização. Um exemplo simples se dá na periferia do estado em que trabalho; leciono tanto no bairro carioca de Campo Grande quanto no município de Duque de Caxias, no bairro Vila São Luiz.

Vila São Luiz possui características próprias que o diferenciam de outros bairros vizinhos. Seu conjunto de elementos, que misturam a lógica de um bairro residencial com suas funções comerciais, decorre da construção histórico-geográfica, que explica sua forma-conteúdo atual; e a descrição dessa forma-conteúdo passa pelo entendimento de sua estrutura, sendo a função local elemento crucial para nossa análise.

Na região, destacam-se funções comerciais que, em geral, visam atender ao mercado local. Em comunhão com essas funções, poucas lojas se destinam a atender fluxos de clientes que busquem na Vila serviços sofisticados a um mercado mais amplo.

Outra característica que diferencia esse lugar é sua ligação com a Rodovia Washington Luiz (BR-040), que liga o Rio de Janeiro a Belo Horizonte e a Brasília; por isso existe relativo movimento de veículos que atravessam a via principal do bairro chegando da BR-040. Muitos serviços comerciais se localizam na rua principal, que interconecta e comunica Vila São Luiz com a Rodovia Washington Luiz e o Centro de Duque de Caxias. Internamente, porém, o bairro é quase totalmente residencial, mesclando pequenos serviços de baixa qualidade com moradias, motivo por que seus fluxos de transporte também são baixos.

Sendo assim, essa região, que abriga a unidade da Universidade do Estado do Rio de Janeiro da Baixada Fluminense, torna-se elemento quase isolado, descrevendo fluxos externos locais, que pouco dinamizam a região.

Mais à frente, já beirando o Centro de Duque de Caxias, inicia-se uma nova estrutura relacionada a uma área de venda de autopeças. Nela ocorre intenso fluxo de carros e caminhões. Esses fluxos são totalmente diferentes daqueles encontrados no bairro em que trabalho. Tendo funções diferenciadas, os processos também serão distintos; logo, a influência de cada lugar sobre o ambiente será também única — a região de autopeças, entre outras questões específicas, emana mais dióxido de carbono para a atmosfera.

Em cada região de análise geográfica, atua determinada estrutura; ou seja, um conjunto específico indissociável de ações e de objetos altera a dinâmica natural de forma própria.

A cidade de São Paulo, por exemplo, recebe diariamente fluxos atmosféricos de cidades vizinhas que exercem funções industriais; assim, a velocidade de trocas com seus sistemas ambientais periféricos provavelmente é muito diferente da que se verifica nas regiões recém-citadas.

Desse modo, a cada dia que passa, mesmo sem alterar radicalmente sua paisagem, a cidade de São Paulo, por receber esses fluxos, se renova. O amanhã, então, surgirá da junção das variáveis do dia de hoje; fluxos internos e externos estarão na base da criação do dia que surgirá.

Nós, os seres humanos, por exemplo, possuímos nossa herança genética, que nos dá características próprias. Assim também é o planeta: em cada local, uma característica que norteará nova organização sistêmica oriunda das características que o lugar possuía.

2. Do meio natural ao meio tecnificado

No meio natural, alguns elementos são responsáveis pela função de dissipação interna, de totalização. Esse mecanismo, porém, possui poucos processos de alteração radical, pois geralmente, na natureza, isso ocorre quando, por exemplo, um grande evento chuvoso ou catastrófico altera a dinâmica local a ponto de mudar radicalmente esse padrão de organização. Por isso, a flecha do tempo segue para uma dinâmica natural em velocidade de troca normalmente de pouca magnitude. Como explica Drew (1994), quando um sistema natural sofre alteração, os outros sistemas também se dinamizam. Em seu exemplo, explica que, na natureza, quando o sistema solo sofre qualquer alteração, os sistemas clima e vegetação também serão alterados. Por isso, em virtude da baixa magnitude de mudanças existentes no meio natural, poucas alterações também ocorreram nos padrões ambientais, pois a baixa velocidade do câmbio na dinâmica de cada sistema local leva também a poucas mudanças no ambiente local. Ao contrário, à medida que fomos imputando técnicas e tecnologias ao meio natural, sua velocidade de troca também foi se intensificando.

A evolução espaçotemporal do meio natural se redimensiona à medida que o meio técnico evolui. Nesse sentido, a velocidade das trocas ambientais, por ser relativa à maneira como o espaço se organiza, terá também sua busca de equilíbrio proporcional a esse mecanismo.

Como cada espaço se organiza de maneira ímpar, seu tempo também decorrerá dessa combinação. Lugares luminosos com grande velocidade de troca, como Xangai e São Paulo, não possuem as características espaciais do território ianomâmi; logo, sua magnitude de troca também será diferenciada. Em cada lugar, há um

tipo de tempo decorrente das variáveis desse local. A cultura indígena e sua forma de acontecer e a nossa maneira de ser.

3. A criação da paisagem e nosso imaginário da realidade

Quando pensamos nas diferenças entre a paisagem geográfica da comunidade ianomâmi e a nossa, verificamos que vemos o mundo de lógicas muito diferentes.

A questão diz respeito ao modo como cada grupo vê o mundo e, logicamente, como cada um, a partir dessa percepção, se relaciona com seu meio, ou seja, como são nossas ações, nossas crenças e nossas posturas com relação ao planeta em que vivemos.

Que visão de sua realidade natural tem cada grupo social? Nós, por exemplo, entendemos a natureza de forma fragmentada, percebemos as mudanças na temperatura como se decorressem apenas de emissões em partículas por milhão de gases estufa, entre outras ilusões.

Como os Ianomâmi veriam essa questão? Com certeza de forma diferente. O problema é que, apesar da evolução exponencial da ciência em nossa cultura, erros gritantes tomam conta de nosso imaginário ambiental. Percebemos a realidade por meio da forma como aprendemos na escola, na mídia, e segundo nossos pais, amigos e parentes também nos ensinaram. Pensamos nossa moradia em casas com concreto, e não em ocas de palha; pensamos a produção agrícola em perspectiva mercadológica, e não de subsistência, ou seja, criamos nossa paisagem geográfica na lógica que envolve nossa racionalidade.

Por isso, somos mais poluidores; porque acreditamos em um tipo de paisagem. Somos essencialmente aquilo que criamos para nós mesmos. Nossa ideologia se atrela a nossa realidade espacial-

geográfica e ao modo como moldamos nossa geografia, nossa forma-conteúdo.

4. A criação da realidade e a geografia

Na sociedade ianomâmi de duzentos anos atrás, por exemplo, qual era a forma-conteúdo? Função — viver em harmonia com o meio, sem necessidade de lucro nem nossa pressa; tempo não era dinheiro; a produção de alimentos visava à subsistência; o plantio e a colheita estavam em harmonia com o tempo de cada lugar. Era o tempo natural, a harmonia do espaço-tempo. Os processos, por sua vez, decorriam de sua função produtiva; assim, as estruturas se mantinham relativamente estáveis, descrevendo a estabilidade da forma-conteúdo.

Como o espaço geográfico é a manifestação da associação entre os sistemas de ações e os sistemas de objetos, eles são, portanto, a própria explicação do que é o espaço-tempo de cada lugar. O sistema de ações da tribo ianomâmi possuía velocidade de troca em sintonia com sua paisagem geográfica; não eram necessários prédios, tratores nem bancos financiando a produção para eles se alimentarem e serem felizes.

Produzimos nossa paisagem geográfica e as ações decorrentes dessa organização; portanto, somos nós quem traçamos nosso destino. Se hoje tememos grandes catástrofes naturais que acontecem de forma inesperada, somos nós os responsáveis por essa resposta à forma como organizamos nossa paisagem geográfica.

5. A paisagem na explicação da lógica de cada lugar

Cada estrutura explica determinado lugar, pois ela é a própria totalidade materializada em tudo aquilo que determinado lugar possui.

A estrutura, assim como a forma geográfica, é o próprio espaço geográfico, ou seja, uma rede intrincada entre os sistemas de objetos e os sistemas de ações.

No caso dos Ianomâmi, sua forma-conteúdo decorre de sua formação histórica e de diferentes fatores que atravessam o campo da cultura, entre outros processos. Por exemplo, por não terem semelhança genética, linguística nem antropométrica com seus vizinhos, os Yekuaná, os cientistas supõem que a sociedade Ianomâmi se tenha mantido estável por muito tempo, e, assim, sua paisagem geográfica não sofreu quase nenhuma alteração; logo, sua estrutura também se manteve, e pouca totalização foi gerada nesse local.

É por isso que a estrutura traduz até qual é a paisagem. Um exemplo seria o cotejamento entre dois bairros do mesmo município, como a Pavuna e o Leblon, localizados na cidade do Rio de Janeiro. Se você os conhece, tente comparar suas paisagens, seus objetos, seus sistemas de engenharia. O que está na base dessa diferença é a realidade econômica, pois, apesar de pertencerem à mesma unidade territorial, possuem infraestrutura e paisagem totalmente distintas — a suntuosidade do Leblon, localizado em uma área nobre do Rio de Janeiro, contrastando com o bairro periférico da Pavuna.[9] E, independentemente de verificar esses dados na Internet, a mera observação de paisagens locais já oferece essas informações.

A explicação da criação desse mecanismo remete ao modo como ocorreu seu processo de formação histórica e a como, ao longo do tempo, se deu sua organização espacial. Ou melhor, como sua estrutura se redimensionou ao longo do tempo, com diversas estruturas se sobrepondo, uma influindo na criação da outra e assim demonstrando como, ao longo do tempo, a influência sobre o meio natural também foi sendo redirecionada. Por sua

---

[9] Ver dados da Prefeitura do Rio de Janeiro.

vez, a sociedade ianomâmi, cuja estrutura se manteve, pouco ou quase nada alterou sua relação sociedade-natureza.

Abreu (2008) verifica, por exemplo, de que modo, ao longo do tempo, a cidade do Rio de Janeiro elitizou seu espaço geográfico e, assim, criou estruturas próprias para cada lugar: para a miséria, determinados lugares; para a riqueza, outros.

Portanto, ao longo do tempo, intencionalmente ou não, o espaço foi organizado, passando de estados de desordem para estados de ordem na mesma velocidade com que novas variáveis nele interferiam sistemicamente.

O lugar é, dessa forma, uma combinação de tempos geográficos, ou seja, de diferentes formações do espaço-tempo. Se hoje o Leblon apresenta mais suntuosidade do que a Pavuna, isso decorre do modo como ao longo do tempo, o homem organizou seu espaço geográfico.

No bairro periférico da Pavuna, sua paisagem traduz como as ações se desencadeiam ao mesmo tempo que as ações (re)criam novas dinâmicas de objetos.

A lógica da pobreza de sua população gera a lógica de como se organizará o mercado local. Assim, os melhores serviços tenderiam a se situar nos núcleos populacionais mais abastados.

O lugar é, portanto, a síntese de diferentes questões que interagem dialeticamente ao longo do tempo no espaço. Por isso, cada lugar possui diferente mecanismo de sintropia espaço-temporal, sendo suas trocas sistêmicas relativas à sua paisagem e às suas ações.

A contribuição do Leblon e da Pavuna para a alteração do macropadrão ambiental pode ser quantificada então por sua qualificação, que depende de variáveis formadoras de cada espaço, ou seja, educação básica, educação ambiental, assistência médica, apoio do Estado, organização popular, infraestrutura urbana e assiduidade de serviços, sistema de água, de luz, de esgotos, entre outras.

Assim como a sociedade ianomâmi organiza seu espaço com base em sua relação sociedade-natureza, nós, que nos consideramos superiores, também organizamos nosso espaço pelo que acreditamos, e, se temos a crença de que os melhores serviços e infraestrutura devem estar apenas nas áreas nobres, isso é sinal de nossa intencionalidade burguesa.

O problema é que, se queremos realmente alterar a atual dinâmica de transformações do planeta, devemos democratizar as geografias, saber distribuir os bens de forma homogênea pelo espaço, pois cada espaço de pobreza, em razão de sua precariedade de serviços e de possibilidades, em geral é ambientalmente mais inviável. Veja o exemplo do sistema de esgoto, diferente nas periferias e nos bairros mais nobres.

Afinal, o que queremos? Somos um, apesar de diversos, pois existe diversidade na unicidade. Só com a democratização geográfica da realidade socioeconômica podemos começar a buscar novo equilíbrio sistêmico para o planeta, pois cada lugar emite para o todo sua realidade sob a forma de energia e matéria.

6. A contribuição do lugar para a ruptura do meio ambiente

O lugar é então totalmente ligado à sua paisagem, a seu modo de se dimensionar, de se organizar; e, por sua vez, a paisagem se revela por suas ações.

Assim, cada organização espacial retratada em seus sistemas de ações e objetos, em sua conexão, traduz o planeta que queremos, quem somos como sociedade. Nesse sentido, a paisagem representa também nossas ideologias, nossos costumes, como imaginamos e queremos o mundo.

Isso determina a velocidade das transações, dos fluxos que envolvem o lugar. Para os Ianomâmi de duzentos anos atrás, essa velocidade, que para nós, hoje, parece inexistente, era, na essência, a forma como se relacionavam com sua natureza, seu meio ambiente. Essa velocidade, ligada ao espaço-tempo de sua sociedade, era sua contribuição para a organização do padrão Terra naquele momento.

Quando entendemos o espaço como um sistema de sistemas ou como um sistema de estruturas (Santos, 1985), verificamos como cada objeto participa em diferentes escalas da transformação planetária.

Sendo uma totalidade, a comunidade ianomâmi, hoje constituída de cerca de 12 mil habitantes no Brasil (10 mil) e na Venezuela (2 mil), foi, ao longo dos últimos 10 mil anos, construindo seu espaço-tempo em velocidade de mudanças muito diferente da de nossa realidade.

Recentemente, porém, em virtude de sua ligação com nossa sociedade, os Ianomâmi têm alterado sua dinâmica, seja por causa dos garimpeiros, seja por outras relações específicas. Mesmo assim, ainda se trata de uma paisagem natural muito próxima de seu sentido original, pois eles mantiveram sua base ideológico-cultural e, assim, também a estrutura de sua paisagem. Por isso, seu espaço-tempo possui velocidade relacionada com seus objetos internos e as ações deles derivadas. Por sua vez, ao longo dos últimos 10 mil anos, quanta sintropia nossa sociedade realizou em razão de alterarmos a natureza?

Só no século XX, por causa do grande aumento tecnológico e em função da expansão do sistema técnico capitalista sobre o planeta (Santos, 1997), alterações dinâmicas tomaram todo o globo, criando relações de total desequilíbrio em cada lugar. Imagine quantas áreas se urbanizaram e, mais recentemente, com o meio técnico-científico, se tecnificaram.

Cada lugar assim contribui para a totalidade com uma relação espaçotemporal decorrente da lógica que integra a paisagem com suas ações. Pense em um prédio no nervo central de sua cidade; no meu caso, a cidade do Rio de Janeiro; lá existe um prédio ímpar, o Austregésilo de Athayde, na Avenida Presidente Wilson, onde trabalha a advogada mais charmosa do Brasil, Tainá, minha linda e doce filha.

Esse prédio ensinou-me que realmente o vento faz curva. Isso ocorre demonstrando a real relação sociedade-natureza, pois o mesmo se localiza próximo à Avenida Beira-Mar, local onde se situa o Aeroporto Santos Dumont e, em virtude de sua proximidade do mar, recebe ventos de todos os lados que são deslocados pelos prédios posicionados entre o oceano e o Austregésilo de Athayde. Esses edifícios funcionam como barreira entre a avenida e o prédio citados; por isso, o vento local descreve movimentos dinâmicos decorrentes da ação humana, e as diferentes geometrias criadas pela paisagem geográfica geram esse movimento natural humanizado.

Assim também qualquer paisagem geográfica estará diretamente ligada às alterações ambientais de cada lugar.

7. Espaço-tempo e o atual macropadrão do sistema Terra

É claro que nos perguntamos: mas como, depois de tanta alteração na dinâmica terrestre, com tanta metamorfose interna, o padrão de equilíbrio planetário ainda se mantém?

Em primeiro lugar, o equilíbrio é dinâmico, ele se reajusta constantemente; em segundo lugar, nos sistemas, mesmo nos menores, os padrões se mantêm por um tempo e vão internamente sofrendo alterações até o momento em que se rompem, transformando-se em outra lógica sistêmica.

No caso brasileiro, pense na cidade de São Paulo dos anos 1930 e 1950 e na atual. Se você conseguir visualizar esses dados no *Google*, por exemplo, verá paisagens distintas, que comungam com seu momento, tanto nos objetos quanto nas ações por eles suscitadas. A espacialidade de cada momento é única e desenvolve espaço-tempo próprio.

O espaço é a acumulação desigual de tempos (Santos, 1997c), e isso acontece porque só existe espaço porque existe tempo e vice-versa; o que realmente existe é o espaço-tempo.

O espaço é a indissociável relação entre os sistemas de objetos e os sistemas de ações (Santos, 1997b); e, sendo as ações determinadas por um mecanismo específico, o tempo desenvolvido por essas ações também decorrerá do teor técnico suscitado por esse objeto. Assim, cada um terá temporalidade e velocidade próprias, que identificarão seu espaço-tempo.

8. A flecha do tempo prigoginiana e a mutabilidade do planeta

Possuindo diferentes instâncias, o espaço geográfico (Santos, 1997b), sendo uma totalidade, totaliza-se em razão das relações desenvolvidas por cada elemento interconectado e em evolução constante. Cada lugar colabora, assim, com diferentes velocidades, consequência da relação desse local com outras áreas e com seu sistema-mundo produtivo.

Por isso, tempo não é dinheiro; ele é relativo e só é considerado dinheiro se for valorado, mecanizado, se seu sentido de fluir for considerado absoluto e linear.

Nossa sociedade ainda mede o tempo como dinheiro; porém, a flecha do tempo prigoginiana flui de acordo com cada dissipação interna e com a sintropia que ela gera, ou seja, com a totalização

de cada totalidade. As variáveis internas e externas e seus fluxos, ao reordenarem o lugar, fazem sua evolução por dissipação. Nesse sentido, o lugar possuindo menos ou mais velocidade contribuirá com uma velocidade própria para a construção diária do padrão Terra. Esse é o ponto G... o ponto geográfico da questão!

A cada etapa evolutiva, amplia-se a complexidade de cada lugar, e, assim, surge um novo espaço-tempo; a mudança ocorre, pois ela é o próprio fluir de cada lugar.

Em virtude de novas dinâmicas que participam do lugar, sendo positivas ou negativas, a cada etapa de desordenamento, sucedida por nova ordem, se estabelece uma nova etapa evolutiva. Essa nova plataforma evolutiva possui gênese ligada a sua arqueologia das formas-conteúdo do passado e a sua potencialidade em receber fluxos dinâmicos em busca do seu futuro. Esse é o mecanismo de evolução espaçotemporal de cada lugar.

9. O padrão ambiental atual e sua normalidade

Enquanto internamente as mudanças são visíveis, o padrão dinamicamente ainda se mantém desde o Quaternário. No caso do sistema atmosférico, a manutenção do oxigênio em 21%, do nitrogênio em 70% e dos outros elementos depende do quê? Qual será o segredo e quando se dará a dissipação do sistema Terra atual?

Essas respostas não podem ser confirmadas apenas por probabilidade; mesmo assim, se alterarmos radicalmente nossas relações com o meio natural, talvez essa mudança seja menos brusca do que se imagina.

A Terra é um sistema constituído de diversos outros sistemas em constante interconectividade, que é gerada pelas relações de troca e pelo *feedback*. Cada subsistema contribui espaçotemporal-

mente de seu modo para a evolução do planeta. Essa evolução liga-se ao constante aumento da complexidade e à compreensão de que a totalidade é sempre superior ao somatório de suas partes, portanto, a totalidade sempre se renova. Por isso, devemos um dia chegar ao rompimento do atual padrão ecológico-geológico do planeta, o que provavelmente já está ocorrendo.

10. O caso de Atafona[10]

Quando pensamos em passar o Réveillon na Praia de Copacabana, onde moro, jamais pensamos na imagem desse bucólico bairro submerso. Recentemente, porém, em Atafona, uma linda praia fluminense, essa realidade já se manifestou.

Prédios e praia embaixo d'água até o momento em que o mar recuou e retomou a imagem do antigo padrão de organização conhecido por todos. Esse fenômeno, que ocorreu de maneira surpreendente, chocou todos os cientistas de plantão, que logo relacionaram a questão com a mudança climática do planeta. No entanto, considero esse processo a partir de sua imprevisibilidade e em sua auto-organização.

O fenômeno demonstrou o rompimento do padrão imaginado e o surgimento imprevisível de um mecanismo inesperado, impensado, inimaginável. Era a busca de um novo equilíbrio sistêmico local.

Essa dinâmica vem corroborar o que estamos debatendo, e certamente a solução para esse tema não passa em absoluto pela simples diminuição dos gases estufa, como pensado nas conferências ambientais internacionais.

---

[10] Atafona, cidade vizinha a Campos dos Goytacazes, no Estado do Rio de Janeiro.

11. As trocas sistêmicas e suas intensidades

Ao longo do tempo, à medida que o homem ampliou suas tecnologias e técnicas sobre o meio natural, novas totalizações se fizeram. Nesse sentido, os geossistemas sofreram diferentes magnitudes de intervenção, novas totalidades constantemente surgiram, alterando as dinâmicas dos sistemas ambientais na velocidade suscitada pelo próprio mecanismo produtivo e social. Cabe lembrar que, quando sistemas ambientais interagem, toda alteração em qualquer um deles provocará mudanças em cadeia, sua interconectividade geral. Assim, um desmatamento alterará os solos e o microclima local.

Se essa dinâmica envolve crescimento exponencial que acompanha o avanço técnico, as alterações também acompanham essa velocidade.

Nos sistemas naturais, por sua vez, a velocidade das mudanças acompanha o tempo da natureza, que, em nossa percepção, é lento.

12. Os geossistemas e a velocidade espaço-tempo do meio natural ao meio técnico-científico-informacional

Antes do espaço-tempo imposto pelo mecanismo produtivo, o tempo natural realizava suas trocas em intensidade que, como mencionamos, nos parece lenta. A abertura de clareiras por um raio, por elefantes ou por outros animais, uma grande estiagem, vulcanismos, terremotos, alterações na dinâmica das correntes, o fato de o rio meandrar e criar novas áreas para seu fluxo, entre outras questões, são impactos naturais que alteram os conjuntos dinâmicos e, certamente, impulsionam a flecha prigoginiana do espaço-tempo.

A evolução por aumento de complexidade ocorre de forma proporcional às variáveis de cada lugar, que, conjugadas, formam o grande sistema Terra.

Contudo, a evolução técnica foi ao longo do tempo refazendo essa realidade, intensificando as trocas sistêmicas e gerando mais possibilidades de mudança no padrão ambiental que nos abriga.

Como também somos meio ambiente e participamos dessa evolução, então somos responsáveis por sua provável ruptura. Nossa participação, gerando desequilíbrios constantes, acaba afetando todos os sistemas que buscam sempre um novo estado de ordem.

Aplicando a Teoria da Complexidade de Morin (1977), ao provocarmos desequilíbrios nos sistemas ambientais, geramos neles a busca de novo ordenamento, e assim sucessivamente. No caso dos sistemas naturais, esse ordenamento é mais lento por eles sofrerem pouca perturbação externa; porém, no caso das ações humanas e de sua influência no meio natural, esse processo vem sendo exponencialmente verificado.

Quando, em 1945, Santos (1997) afirma que em todo o planeta já existia unicidade técnica, significa que antigos sistemas técnicos que dimensionavam distintas relações sociedade-natureza se extinguem, dando lugar ao mecanismo ocidental de relacionar sua ciência e sua ideologia ao meio natural.

Esse mecanismo associa-se, então, a uma ideologia decorrente dos postulados cartesiano-newtoniano-baconianos cujas bases conceituais fundamentais são tanto a fragmentação do homem em relação a seu meio quanto a falsa ideia de que a natureza é subserviente ao homem.

Nesse sentido, a ilusão de que vivemos em um espaço absoluto, como se vivêssemos em uma caixa, acaba gerando a certeza de que nada externo ao lugar participa da mudança.

Pensamos sempre na parte, e não no todo, e cada fragmento da realidade acaba suscitando nosso sentido de totalidade sem fluxos externos e sem mudanças sistêmicas.

À medida que se ampliou a esfera tecnológica sobre o espaço, novas organizações sistêmicas surgiram a partir dos diferentes desequilíbrios que, em seu estado de desordem, buscam efetivamente novo patamar de organização, nova ordem sistêmica.

13. A provável ruptura do meio ambiente

A grande dúvida é: como se mantém o padrão de organização do sistema Terra se seus diversos subsistemas apresentam desequilíbrios constantes?

A resposta a essa questão, na verdade, é o que nos mantém vivendo neste paraíso que nos permite existir.

Reajuste, sensibilidade, suscetibilidade e vulnerabilidade

Quando um sistema sofre modificações irreversíveis, atravessa um processo de reajustagem, o reajuste em busca de novo estado de equilíbrio. Nesse estágio, ocorre a mutabilidade evolutiva, quando a resistência e a resiliência são rompidas e o sistema não tem mais chance de recuperação. Nesse processo, evidencia-se a mudança do padrão de organização, em que as estruturas que se dissiparam e saíram de um estado de ordem por interações atingem a desordem e a nova organização (Prigogine, 1996; Camargo, 1999, 2005).

A sensibilidade representa o nível em que um sistema responderá a uma mudança ocorrida nos fatores controladores. Por sua vez, a suscetibilidade de um sistema representa sua capacidade de reação ou a capacidade do conjunto de ser influenciado às mínimas ações ou variações externas. A sensibilidade associada à estabilidade torna o sistema vulnerável à modificação ou à destruição (Christofoletti, 1999).

A estabilidade do sistema está relacionada a seu modo de adaptação às forças que o controlam e que agem sobre ele. Essas forças, porém, atuam sempre de forma diferenciada e apresentando flutuações diversas, tendo em vista que os subsistemas são totalidades em constante transformação.

Imagine como um subsistema como a cidade de São Paulo, que sofre alterações constantes em sua dinâmica espaço-tempo, conseguiria manter um relativo estado de estabilidade.

Essas variações internas da cidade de São Paulo interferirão diretamente nas reações advindas do sistema; a estabilidade se encontrará por meio dos mecanismos que absorviam essas oscilações externas sem mudar suas características internas, e isso seria muito improvável (Camargo, 2005).

É por isso que nossa busca pela manutenção da estabilidade para o grande padrão Terra passa por aspectos relacionados com nossa resiliência planetária. Essa procura sem tréguas por não romper com o macropadrão planetário deve, assim, visualizar dois mecanismos básicos:

1. o planeta evolui naturalmente por sintropia;
2. cada espaço-tempo contribui em sua relatividade para a evolução planetária.

A resistência ao processo de mudança geral do sistema planetário deve então possibilitar que os diferentes subsistemas geográficos não sofram grandes alterações determinadas pelos distúrbios externos; assim, eles apresentariam menos flutuações, possibilitando maior recuperação a possíveis mudanças.

Na análise da manutenção dos sistemas submetidos a forças externas a seu meio ambiente, Atlan (1992) descreve duas possibilidades de não ocorrência do estado de irreversibilidade por meio de flutuações. A primeira hipótese ocorre quando um sistema recebe uma série organizada de impulsos, porém sua estrutura

futura já está articulada e resistente a transformações. Assim, segundo Atlan, não há razão alguma para se falar em auto-organização. Nesse caso, o sistema possui resistência.

A outra possibilidade é a série de acontecimentos que atuam sobre o sistema não ser organizada, gerando perturbações aleatórias, sem nenhuma relação causal com o tipo de organização que aparecerá no sistema. Sob o efeito dessas perturbações aleatórias, o sistema, em vez de ser destruído ou desorganizado, reage aumentando a complexidade e continua a funcionar, e se auto-organiza (Atlan, 1992).

Para avaliar o aspecto de resistência à mudança em determinada dinâmica, Christofoletti (1999) propõe quatro procedimentos, relativos à:

1. elasticidade, que se refere à rapidez com que o sistema retorna a seu estado original;
2. amplitude, que é indicadora da zona de segurança — espacial ou da intensidade de forças — dentro da qual o sistema encontra condições para se recuperar e cujos limites máximos e mínimos correspondem aos limiares, estabelecendo seu potencial de refúgio. Conhecer a amplitude do evento é fundamental, porque focaliza o limiar além do qual o sistema não pode mais se recuperar e voltar ao estado original;
3. histerese, que assinala o espectro no qual as trajetórias de recuperação podem seguir e definir o padrão de ruptura em virtude da reação de ajuste ao distúrbio;
4. maleabilidade, que é o grau indicador de que o novo estado estável, estabelecido após o distúrbio, difere do estado original.

A questão-chave deste livro se relacionará então com a primeira hipótese de Atlan (1992), segundo a qual, ao se injetarem variáveis específicas no sistema, se verifica a possibilidade de sua manutenção. Acreditamos que, ao proporcionarmos ao espaço uma sociedade que pense ecologicamente, trabalhando com questões também ecológicas, dimensionaremos sua vida para a compreensão de processos destinados constantemente a equilibrar a relação sociedade-natureza e, assim, estaremos também buscando equilibrar em um processo dinâmico o planeta.

Nesse sentido, a injeção de possibilidades ecológicas passa por uma série de novas medidas educacionais e políticas, e por uma nova postura diante do sistema econômico local.

14. A alteração da dinâmica planetária: estruturas dissipativas e a flecha do espaço-tempo

Mesmo longe do equilíbrio, inserir fatores dinâmicos no sistema é fundamental para sua nova organização integrada. Por isso, propomos uma nova dinâmica social, uma sociedade ecológica, em que possamos modificar a realidade pela ação horizontal entre conhecimento científico e participação democrática da sociedade local.

É nesse sentido que, ao propormos um novo tipo de organização das formas geográficas, em uma sociedade ecológica, buscamos repensar os fluxos internos e externos nos subsistemas, esperando que novas dinâmicas de troca aconteçam. Procura-se, assim, reduzir a imensa troca de relações antiecológicas, que levam o meio natural a fugir cada vez mais de seu estado de equilíbrio primitivo. Acreditamos que, ao impormos trocas muito intensas e que distanciam o meio geográfico de seu equilíbrio natural, ampliamos a possibilidade de ruptura ambiental do grande sistema Terra.

15. O espaço-tempo e a possibilidade de ruptura do meio ambiente

Estamos acelerando o movimento que pode provocar uma possível ruptura do meio ambiente?

É possível que estejamos acelerando o mecanismo de dissipação interna das estruturas e fornecendo ao grande sistema Terra (padrão dominante) energia e matéria que desassociam seu equilíbrio em velocidade proporcional à dinâmica espaço-temporal relativa a nossa cultura.

Assim, dimensionando um sistema intenso de trocas e de relações antiecológicas, procuramos cada vez mais um novo padrão de equilíbrio sistêmico. O raciocínio, nesse sentido, é simples. Se imaginarmos o planeta sem a existência do ser humano, verificaremos um sistema de trocas entre os diferentes subsistemas que formam o grande sistema Terra. É lógico que, ainda assim, esse sistema evoluiria para uma ruptura. Contudo, se nossa cultura dinamiza cada vez mais trocas antiecológicas, ou seja, que se distanciam do equilíbrio natural, então, provavelmente, estamos intensificando espacial e temporalmente esse mecanismo de trocas e nos aproximando de uma possível ruptura ambiental.

Evitar a ruptura do atual padrão ambiental é possível?

Os dados que se apresentam e que mostram as alterações dos padrões de comportamento conhecidos da natureza demonstrados nas catástrofes naturais, como derretimento de geleiras, aumento de tufões, enchentes e até tsunamis inesperados, podem estar relacionados não só ao aquecimento global mas também a uma mudança radical da estrutura do atual padrão ambiental.

177

Acreditar em resistência gerando um processo de resiliência é mais do que possível; para isso, devemos pensar e repensar nossa existência no planeta buscando nova relação espaçotemporal. É necessário lembrar que o planeta não funciona como um espaço absoluto que se caracteriza pela imutabilidade e pela eterna dinâmica em que todos os subsistemas funcionam como elementos iguais.

Cada subsistema possui característica própria, pois cada espaço-tempo possui sua relatividade derivada de como se organiza seu conjunto de variáveis. Imagine as trocas de energia e matéria em uma floresta natural e, em oposição, em uma área de grande processo de desgaste, como em locais de plantio não sustentável ou mesmo uma grande cidade.

Sabemos que, em ambas as situações, esses sistemas geram energia e matéria, trocando-as com o macrossistema Terra. O que se propõe é essencialmente uma nova dinâmica de organização das formas geográficas; ou seja, repensar as formas-conteúdo à luz de uma sociedade ecológica.

Nessa nova organização, propõem-se formas geográficas que fujam do teor antiecológico. É claro que seria utópica e falsa uma proposição que radicalizasse bruscamente nesse sentido. Assim, uma postura equilibrada se faz necessária. Nesse caso, uma sociedade ecológica deve emergir no seio da própria essência produtiva capitalista, buscando sua reformulação; essa é a geoestratégia da natureza.

Compreender que cada espaço-tempo é próprio, relativo e auto-organizado a partir de sua dissipação interna é fundamental para entender que devemos cuidar especificamente daqueles lugares geográficos que apresentam piores condições de gerar informações positivas ao sistema Terra.

Capítulo 7

O projeto A Geopolítica da Natureza: modelo sistêmico de gestão territorial-ambiental

"A imaginação é mais importante do que o conhecimento."
Albert Einstein

1. Pensando em possibilidades

Como acabar com todos os problemas, se eles são muitos? Como eliminar a pobreza, criar uma sociedade sustentável, educar de maneira construtiva e alterar a dinâmica da paisagem da pobreza eliminando a miséria?

A resposta está dentro de nós mesmos, pois se relaciona com a forma como pertencemos a nosso entorno, nosso ambiente, nossa paisagem e como os fazemos.

A princípio devemos lembrar que, para se alterar a dinâmica de um lugar, é importante termos sempre em mente que nenhum problema ocorre isoladamente; nunca. Ele sempre existe em conjunto. Miséria econômica, em geral, se relaciona com miséria cultural, meio ambiente degradado, menor consciência ambiental local. Tudo se relaciona sistemicamente.

Não que as regiões mais nobres tenham consciência do meio ambiente, e as áreas pobres não; se você observar sua cidade, provavelmente encontrará problemas ambientais em todas as regiões,

179

sejam ricas, sejam pobres; é inegável, porém, que a pobreza econômica está atrelada à miséria cultural.

Esse problema se relaciona ao modo como vemos nosso ambiente, como nosso imaginário ambiental se concretiza na paisagem. Nesse sentido, nossas práticas e atitudes diárias respondem à forma como pensamos nosso ambiente.

Deve-se levar em consideração, entretanto, que, apesar de apresentarem gritantes erros epistemológicos, os debates sobre o meio ambiente têm aumentado nos últimos anos. E esse processo não se limita às áreas mais ricas das cidades; no Rio de Janeiro, por exemplo, movimentos como a Central Única das Favelas (CUFA) e algumas associações de moradores dinamizam diferentes questões práticas de educação ambiental em suas áreas. No Brasil, porém, ainda convivemos com grande parte da sociedade desinformada.

A carência de informação e de sua necessária democratização leva tanto a universidade quanto o Estado a saírem de seus feudos e a abraçarem suas populações mais carentes; por isso, fomos à luta e iniciamos junto ao alunado da Universidade do Estado do Rio de Janeiro (UERJ) um mecanismo de gestão ambiental sistêmica visando redinamizar espaços geográficos. Assim, apresentamos o projeto A Geopolítica da Natureza, que propõe uma revolução educacional e ambiental em todo o território nacional. Esse projeto apoia-se em três pilares: educação para a cidadania; educação ambiental e educação para o trabalho ecológico.

Com isso, procura-se criar mecanismos que dinamizem o lugar por auto-organização sistêmica. Essa tentativa parte do princípio de que, alterando as funções, os processos também serão diferentes.

Tal estratégia considera que todos os sistemas são constituídos de diferentes variáveis que formam sua estrutura; inserindo novos elementos, portanto, buscamos por auto-organização alterar a dinâmica local.

Esse processo de totalização decorre da alteração das funções locais e da criação de uma rede horizontal ecológica que integre os lugares por meio de novos fluxos comerciais e de pessoas. Nesse caso, não se propõe alterar a dinâmica de apenas um lugar, mas de diferentes lugares, repensando as regiões.

Essas redes ecológicas atravessarão espaços geográficos que a rede capitalista tradicional não enxerga como possibilidade e farão com que os produtos ecológicos de cada lugar sejam aproveitados em outros espaços. Nesse sentido, cada lugar, ao se redinamizar pela criação de novas estruturas, poderá também alterar sua realidade econômica e ecológica.

Como cada espaço geográfico possui estrutura própria, cada um passará a receber fluxos que vão redinamizá-los de forma singular. A inserção de variáveis educacional-ambientais busca, por auto-organização, frutos positivos socialmente. É provável que surjam rugosidades acompanhadas de uma nova paisagem geográfica, demonstrando que outra totalidade se formou.

2. Alterando a forma-conteúdo a partir da alteração das funções

É como no clássico de Jorge Amado, *Tieta do agreste*, em que uma cidade bucólica, simples, sem tecnologia, ou seja, opaca, acaba sendo escolhida para receber a chegada de indústrias. A trama de Jorge Amado demonstra como tanto o Estado quanto a sociedade local e as classes hegemônicas reagem a isso. No caso, esse processo incide em aumento da poluição e da degradação em geral.

A chegada de luminosidade tecnológica a um lugar representa a criação de uma nova dinâmica das estruturas, em que a mudança

das funções locais trará alterações nos processos, redinamizando assim a estrutura.

Quando se redinamiza o lugar, novas funções são criadas; assim, essa totalização será decorrente da multifuncionalidade que se estabelecerá no local e estará ligada também a diferentes processos que vão revigorar o espaço geográfico, pois, a partir da refuncionalização do local, diferentes novos fluxos internos e externos se realizarão, dizendo qual é a forma-conteúdo que está surgindo.

Da mesma forma, buscando ajudar na auto-organização do lugar, faz-se necessário incluir algumas ações:

- alterar a dinâmica do lugar a partir de novas composições de ações que criarão novas paisagens em virtude de novas funções que trarão novos sistemas de objetos;
- criar circuitos de solidariedade com outras regiões;
- criar uma rede ecológica dentro de uma lógica econômica sustentável.

3. A questão é criar variáveis visando gerar novas probabilidades

A cada curso de educação ambiental dado para uma comunidade, a cada criação de um sindicato de trabalhadores ambientais, surge uma nova possibilidade de as coisas acontecerem por auto-organização.

É importante frear a velocidade das trocas suscitadas pelo sistema técnico que se agrega à ideologia capitalista de base cartesiano-newtoniana. E, para alcançar esse objetivo, o caminho está livre para as mentes que não estão fechadas, para aqueles que não temem a mudança.

É possível eliminar a miséria por meio das potencialidades ambientais de cada local, pois somos o país da natureza, do pau-

brasil, possuímos a maior potencialidade da biodiversidade global. É nossa obrigação ajudar quem nos acolhe, nossa natureza.

Por isso, vamos aproveitar o que ela nos oferece não como depredadores, mas sim como amigos, sustentando a vida de todas as formas.

4. O projeto A Geopolítica da Natureza

Acreditamos que trabalhar o lugar é tão importante quanto congressos de fomento a mudanças em escala governamental, pois só com a alteração das dinâmicas locais, por novos hábitos comunitários, é que poderemos participar efetivamente de uma nova composição sistêmica para o planeta.

A fuga da possível mudança planetária passa pela reestruturação de toda a sociedade e de todo o nosso imaginário ambiental. É com a endoeconomia que se reverte a situação dos lugares; é com a geração de empregos e com a possibilidade de garantir dignidade para as famílias que se altera a dinâmica do planeta. De nada adianta reduzir CO_2 na atmosfera se o modelo econômico é antiecológico.

Baseio-me assim nos postulados de Maurice Strong e Ignacy Sachs, que verificavam no ecodesenvolvimento uma possibilidade efetiva de transformação da realidade. Assim, proponho esse projeto, que deverá representar uma perspectiva de mudança espaçotemporal efetiva, pois se baseia na inserção de variáveis locais proporcionando novo aspecto temporal e buscando um novo ordenamento das formas geográficas dinamizadas pela economia ecológica e por seus fluxos (Camargo, 2007).

Como alternativa e propondo que seja um exemplo de busca de novas formas geográficas, trazemos a ideia da geoestratégia da natureza. Para isso, apresentamos um projeto sistêmico que

repense a organização espacial com base na junção teórica das categorias criadas por Milton Santos — forma, processo, estrutura e função — com as teorias do campo sistêmico e também com as propostas sustentáveis e ecológicas.

Esse projeto pretende criar variáveis que impulsionem a auto-organização de municípios e de bairros inicialmente carentes, buscando efetivar possibilidades sistêmicas que vão da geração de empregos à criação de uma nova sociedade sustentável pela compreensão ambiental das comunidades (Camargo, 2009).

Nesse sentido, apresento o projeto socioambiental constituído de quatro fases distintas e complementares, que venho desenvolvendo como professor da UERJ — Duque de Caxias (RJ) desde 2005. Na primeira fase, foi feito levantamento por questionários que visavam compreender a relação do cidadão com seu meio ambiente, potencialidades de aceitação de empregos ecológicos, compreensão do habitante em relação a seu entorno, entre outras questões.

Para consolidar esse objetivo, usou-se a geografia da percepção, que busca apreender o conhecimento da população em sua relação com o espaço vivido.

Na segunda fase, o projeto busca compreender empiricamente os principais problemas ambientais locais visando a seu posterior monitoramento. Para isso são feitas fotos e filmagens. Esses dados servirão como base empírica de exemplos de casos para a outra fase e também propiciarão a criação de um arquivo permanente de fotos e filmes relativos ao município ou ao local em questão.

Na terceira fase, será organizado um curso profissionalizante em educação ambiental e gestão ambiental.

Na última fase, acompanhando a criação do sindicato de trabalhadores ambientais, serão criados empregos ecológicos

compatíveis com as respostas aos questionários, respeitando o desejo do habitante local.

A dinâmica de redes ecológicas

À medida que novos municípios ou bairros são incorporados ao projeto, redimensiona-se a rede, intensificando-se os fluxos de troca locais. O auxílio espacial que um lugar leva a outro será fundamental para estabelecer a rede ecológica.

Buscam-se, assim, não apenas novo contexto econômico e social mas também reorientação ambiental a partir do momento em que essas sociedades serão sustentáveis.

5. Projeto A Geopolítica da Natureza: projeto piloto em zoneamento econômico-ecológico das regiões carentes do Estado do Rio de Janeiro

O projeto foi avaliado pela Fundação de Amparo à Pesquisa do Rio de Janeiro (FAPERJ) e recomendado em seu mérito científico com o número do processo de pesquisa E-26/171.015/06 e aceito pelo Departamento de Programas e Projetos de Extensão (DEPEXT-UERJ), sendo considerado excelente.

Apresentação

Hoje, em tempos de globalização da economia, o lucro de uma grande empresa ocorre em todo o planeta de forma simultânea, criando grandes fortunas e deixando parcela da população do globo vivendo em condições de miséria cultural e econômica.

É por isso que, com a globalização econômica, tudo acontece mais rapidamente e trocas de mercadoria e capital fazem do território um complexo lugar em interminável movimento. É essa velocidade que faz com que a riqueza e seus benefícios se concentrem cada vez mais, afastando-se de muitos e aproximando-se de alguns. Esses lugares privilegiados e que atraem investimentos possuem infraestrutura de transportes e sobretudo de telecomunicações. Por isso, não é para todo lugar que a globalização leva seus benefícios.

Na compreensão dessa dinâmica planetária, verifica-se para onde vai o capital, qual é o seu destino. Em escala local, para se perceber essa rede e entender onde estão o emprego e a renda, busca-se também a análise da origem e do destino final desses fluxos.

Geograficamente, então, esses investimentos procuram lugares que estejam preparados para a reprodução do capital, o que não significa que a população local também participe dessas riquezas, pois, dados a automatização e os diferentes problemas conjunturais em nosso país, nem sempre o lugar vive a realização plena de sua economia.

É por isso que o projeto pretende desenvolver um método de gestão territorial que associe a preservação da natureza e o desenvolvimento econômico e social sustentável, permitindo assim que áreas antes esquecidas pelo capital possam gerar sua própria riqueza (empregos e renda) a partir de sua capacidade criativa.

Quando se propõe a investigar as potencialidades ambientais de cada lugar e apoiar suas respectivas comunidades na geração de emprego e renda, o projeto pretende criar uma alternativa viável de desenvolvimento econômico que possibilite a união da organização comunitária com suas potencialidades geográficas (ambientais).

Desse modo, para alicerçar nosso projeto, escolhemos como campo de ação inicial o município de Guapimirim, localizado na região metropolitana do Rio de Janeiro (próximo a Magé).

A escolha desse município deveu-se à conjugação de diferentes fatores que, integrados, potencializam o desenvolvimento do trabalho a ser feito. Como exemplo dessa afirmação, verifica-se que Guapimirim, sendo um município de pequeno porte (possui área total de 350 km^2), facilita a dinâmica do projeto, tendo em vista o curto prazo de um ano, garantindo a análise de todo o município. Outro aspecto é o fato de Guapimirim se situar dentro da área de proteção ambiental da Serra dos Órgãos, o que facilita a geração de um modelo de gestão ambiental; e, por fim, pelo alto índice de desemprego (em média existem apenas quatro trabalhadores por empresa, e sua taxa de desemprego gira em torno de 70%), o que se adapta a nossa proposta.

Assim, após conhecer cada sub-região ecológica (geográfica) e verificar as possibilidades econômicas que nelas melhor se encaixam, o projeto pretende criar subsídios técnicos e científicos para a formação de um grande circuito de produção, incluindo essas regiões, que permita aos gestores dos negócios ambientais avaliar as possibilidades de essas mercadorias ecológicas penetrarem em outros mercados.

Espera-se, no prazo de três a quatro anos, encontrar sólido mercado solidário que envolva diferentes sub-regiões geográficas pertencentes à região metropolitana do Rio de Janeiro.

Dessa forma, procura-se, a partir do projeto, reformular internamente as oportunidades de emprego no Brasil ao se estabelecer um novo modelo de desenvolvimento: o desenvolvimento espacial endógeno, propiciado por técnicas e tecnologias ambientais.

O município de Guapimirim no Estado do Rio de Janeiro

Justificativa da escolha desse lugar como piloto do projeto

a) *Características sociais, culturais, econômicas e políticas*

O município de Guapimirim que recebeu o projeto piloto de gestão ecológico-econômica é um exemplo representativo dos milhares de lugares esquecidos pela riqueza e pelo emprego. Seu aspecto socioeconômico contrasta com sua memória cultural expressa em sua paisagem geográfica, pois, ao mesmo tempo que apresenta belezas naturais e históricas inconfundíveis, descreve dados que mostram sua precária realidade econômica e social. Nessa cidade, segundo seu Plano Diretor do ano 2000, dos 29.709 habitantes acima de 4 anos de idade, a maioria estudou apenas cinco anos ou menos, como representado no *Gráfico 1*.

Gráfico 1 — Distribuição da população acima de 4 anos de idade por tempo de estudo em anos

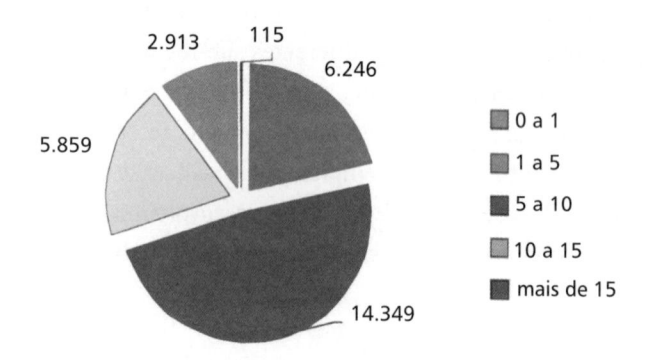

Fonte: Plano Diretor do Município de Guapimirim (2000).

Outro fator expresso no mecanismo de ensino e de geração de capacitação profissional do município e que reflete a precariedade das condições locais é a inexistência de cursos além do ensino formal, reduzindo as possibilidades de jovens e adultos na região. Guapimirim não conta, por exemplo, com unidades do Serviço Nacional de Aprendizagem Comercial (SENAC) ou do Serviço Nacional de Aprendizagem Industrial (SENAI), ligados às federações de Comércio e Indústria do Estado. Também não há instituição de ensino superior (Plano Diretor, 2000).

Além disso, e mostrando a contradição expressa nos modelos tradicionais de geração de trabalho, o município apresenta alto índice de desemprego e, ao mesmo tempo, contabiliza extrema diversificação de atividades, tanto na indústria quanto no comércio rural e urbano.

Guapimirim abriga, por exemplo, duas grandes indústrias (a Cibrapel e a Klabin) e expressivo número de pequenos estabelecimentos comerciais, mas a grande parcela da produção local decorre da agricultura e da pecuária. Nesse sentido, analisando os dados divulgados pelo Instituto Brasileiro de Geografia e Estatística (IBGE), verifica-se que havia, em 1977, 727 unidades empresariais com registro ativo no Cadastro Nacional de Pessoa Jurídica (CNPJ). Mesmo assim, naquele ano, o índice de desemprego era superior a 70%, o que, segundo o Plano Diretor (2000), leva a maior parcela da população a viver de biscates.

Com os *Gráficos 2* e *3*, pretende-se demonstrar como, apesar de possuir vasta gama de atividades, o município de Guapimirim carece de uma política efetiva de geração de empregos.

Gráfico 2 — Unidades empresariais por pessoal ocupado

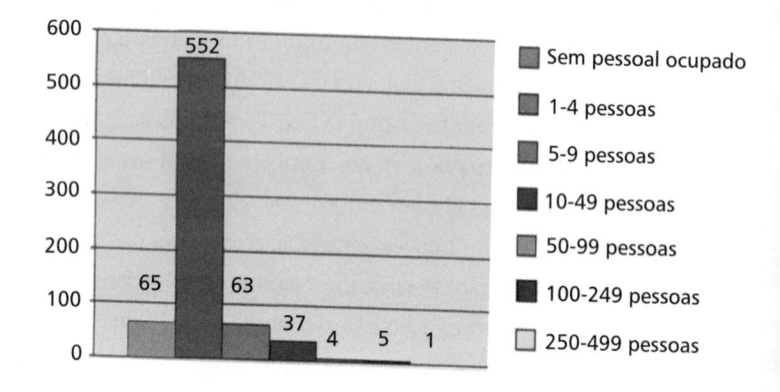

Fonte: Plano Diretor (2000).

Nessa análise, impressiona a constatação de que a maioria das empresas, em geral de pequeno porte (79%), possui em média quatro empregados.

Com relação ao tipo de atividade desenvolvida por essas empresas, verifica-se, no *Gráfico 3*, que a maior parte dos empregos se relaciona ao comércio. Isso demonstra como a dependência dos empregos tradicionais não traz respostas efetivas de melhoria de qualidade de vida para parcela expressiva da sociedade.

Gráfico 3 — Unidades empresariais por tipo de atividade

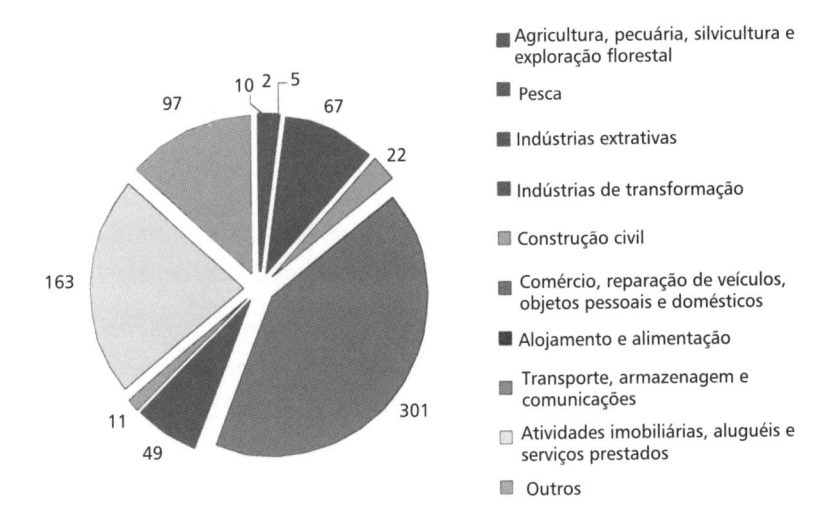

- Agricultura, pecuária, silvicultura e exploração florestal
- Pesca
- Indústrias extrativas
- Indústrias de transformação
- Construção civil
- Comércio, reparação de veículos, objetos pessoais e domésticos
- Alojamento e alimentação
- Transporte, armazenagem e comunicações
- Atividades imobiliárias, aluguéis e serviços prestados
- Outros

Fonte: Plano Diretor (2000).

Nesse sentido, verifica-se que as grandes atividades produtoras industriais, em nossos dias, não funcionam com tanta eficácia para resolver as questões de emprego. Esse problema pode ser constatado no *Gráfico 4*, que mostra as principais preocupações dos alunos do Colégio Estadual Alcindo Guanabara (CEAG).

Gráfico 4 — Principais preocupações dos alunos do CEAG

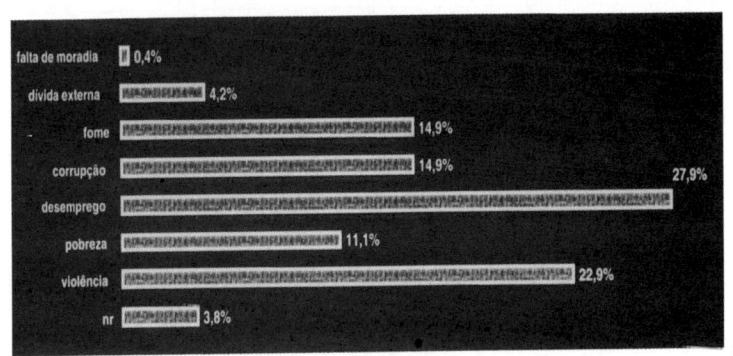

falta de moradia	0,4%
dívida externa	4,2%
fome	14,9%
corrupção	14,9%
desemprego	27,9%
pobreza	11,1%
violência	22,9%
nr	3,8%

Sabe-se que hoje, em virtude do alto grau de competitividade dos grandes grupos, a automatização e a redução da folha salarial são fatores altamente utilizados pelo empresariado. Essa constatação é referendada por outra análise, que amplia nossa compreensão da dinâmica precária da economia desse município (ver *Tabela 1*).

Tabela 1 — Pessoal ocupado nas unidades empresariais do município segundo tipo de atividade em 1997

Tipo de atividade	Pessoal ocupado	
	Em números absolutos	**Percentual**
Agricultura, pecuária, silvicultura e exploração florestal	88	2,5%
Pesca	sem informação	—
Indústrias extrativas	25	0,1%
Indústrias de transformação	877	24,7%
Construção civil	103	3%
Comércio, reparação de veículos, objetos pessoais e domésticos	909	25,6%
Alojamento e alimentação	150	4,3%
Transporte, armazenagem e comunicações	45	1,3%
Atividades imobiliárias, aluguéis e serviços prestados	812	22,9%
Outros	548	15,5%
Total	**3.557**	**100%**

Fonte: http://www.ibge.gov.br/cidades.

Podemos dizer que a média de pessoas ocupadas nas empresas atuantes na unidade territorial é de 4,89 pessoas por estabelecimento, o que corrobora dados já discutidos; por sua vez, as oito maiores empresas atuantes no setor de comércio empregam 53% da população e são responsáveis por 63,45% do volume de salários pagos.

Levando em consideração que os salários da região giram em torno de um a dois salários mínimos, verificamos que esse município é mais uma das regiões brasileiras esquecidas pelo capital. É por isso que propomos uma alternativa viável ao modelo econômico vigente.

b) *Ações a serem desenvolvidas e como poderão transformar a realidade do local*

Considerando os dados analisados no item anterior, propõem-se ações metodológicas que pretendem solucionar os problemas apresentados.

Ações em Guapimirim (RJ) no primeiro ano do projeto

Ação	Qualitativa	Quantitativa
Levantamento e zoneamento das sub-regiões do município por potencialidades econômico-ecológicas	Propiciar ao município e a seus órgãos de planejamento novo mecanismo de gestão territorial e econômica, além de permitir o aproveitamento racional e sustentável do espaço	Formação de um banco de dados econômico-ecológico que tende, no prazo de um a dois anos, a ampliar a renda e a geração de empregos de forma exponencial

c) *Enumeração das características da realidade local e das pessoas atendidas que contribuem para que as ações planejadas possam alcançar os resultados esperados (município de Guapimirim)*

a. O município de Guapimirim localiza-se em uma Área de Proteção Ambiental (APA) da Serra dos Órgãos, fator que facilita o desenvolvimento do projeto piloto.

b. Guapimirim é um município novo e possui área de apenas 361,7 km² localizada em um só distrito.

c. A precariedade da geração dos empregos no município contrasta com sua extrema potencialidade em gerar negócios ecológicos, pois, segundo o próprio lema do município, a natureza é sua maior riqueza.

Perfil geográfico das pessoas atendidas pelo projeto

O município de Guapimirim está situado na região metropolitana do Rio de Janeiro, distando 84 km da capital do Estado. Com extensão de 361,7 km², faz limite com os municípios de Teresópolis e Petrópolis ao norte; Cachoeira de Macacu a leste; Magé a oeste; e Itaboraí e a Baía de Guanabara ao sul.

A cidade localiza-se a 48 m de altitude, na Serra dos Órgãos, dentro de uma Área de Proteção Ambiental no sopé da Serra do Mar, entre a latitude sul 22°32'1"e a longitude oeste 42°58'55".

Corroborando a pobreza econômica do município, o nível de escolaridade dos pais desses alunos e sua renda (*Gráficos 5* e *6*) demonstram a precariedade socioeconômica em que vivem os jovens dessa região.

Gráfico 5 — Escolaridade dos pais dos alunos do CEAG

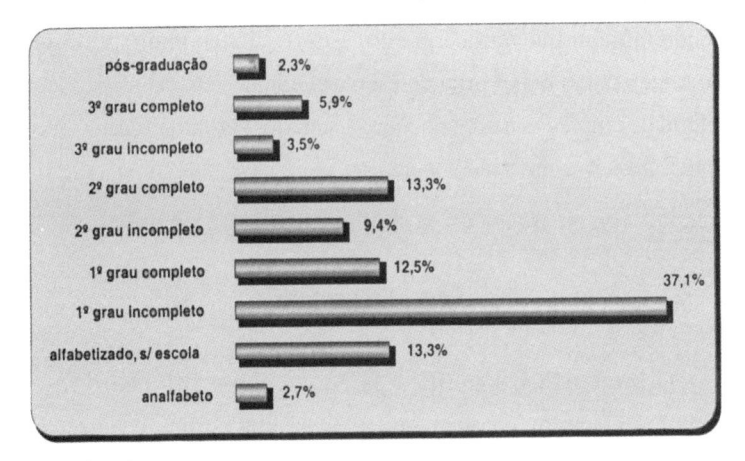

Fonte: CEAG.

Gráfico 6 — Renda dos pais dos alunos do CEAG

Renda

1 = sem renda   2 = até 1 sm   3 = de 1 a 2 sm

4 = de 2 a 3 sm   5 = de 3 a 5 sm   6 = superior a 5 sm

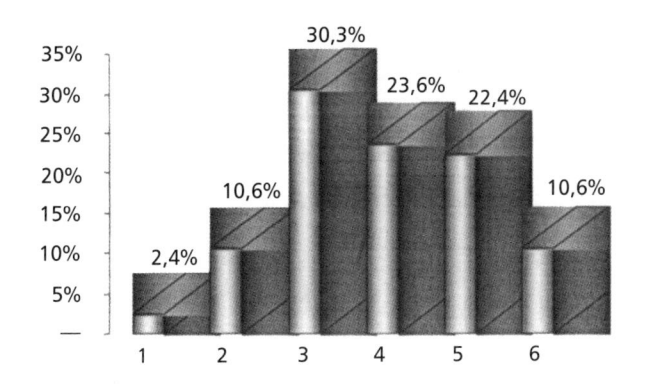

Fonte: CEAG.

Objetivo da terceira fase

O projeto pretende qualificar jovens que, em geral, possuem renda familiar que varia entre um e dois salários mínimos, o que se relaciona ao baixo grau de escolaridade de seus pais e à pouca oferta de empregos na região. Nesse sentido, visa criar mecanismos que facilitem a inversão social.

Fases do projeto

O projeto A Geopolítica da Natureza possui quatro fases interconectadas que buscam desenvolver uma estrutura de geração de emprego e de renda. São elas:

Zoneamento econômico-ecológico — em que, a partir de levantamentos de campo feitos por questionários, são conhecidas as potencialidades ambientais e econômicas de cada sub-região do município de Guapimirim (RJ). Para realizar essa fase, corroborou-se o zoneamento do município feito pelo Departamento de Geoprocessamento da prefeitura. Nesse sentido, iniciamos os levantamentos pela região central a partir de círculos concêntricos em direção à periferia. O trajeto durou em torno de dez meses. Apresentaremos as análises dos bairros da região central que, por sua vez, foi subdividida em seis áreas para essa pesquisa.

Análise dos processos de aceleração do desequilíbrio sistêmico — em que serão conhecidos empiricamente os principais problemas ambientais do município com base nas informações obtidas e nos trabalhos de campo. Fotos e

filmagens desses processos integrarão um arquivo permanente de degradação local. Esse material será também utilizado nas aulas de educação ambiental geográfica, matéria que será ministrada na próxima fase.

Curso profissionalizante — que, por sua vez, será subdividido em duas etapas e dois ciclos internos. Na primeira etapa, serão lecionadas matérias ligadas ao embasamento teórico necessário à formação profissional para adequar a comunidade aos negócios ecológicos; na etapa posterior, serão lecionadas as matérias profissionalizantes.

Implementação dos negócios ecológicos — com a criação de cooperativas de negócios ambientais.

5.1. Primeira fase

Análise dos questionários da região central do município de Guapimirim

Objetivo dessa fase

Essa etapa dedicou-se ao levantamento das potencialidades para a criação de negócios ambientais. Para isso, por meio de aplicação de questionários e do método da geografia da percepção, foram feitas cerca de 750 entrevistas, incluindo 2% do total de habitantes do município. Os questionários foram aplicados aleatoriamente em todas as áreas urbanas de Guapimirim. Esses levantamentos, iniciados em agosto de 2007, tiveram previsão de término em junho de 2008.

Verificando que cada localidade do município possui características próprias, adaptaram-se os questionários para cada área.

O levantamento e o município

A população local, segundo o Censo 2000, é de 37.952 indivíduos. Objetiva-se levantar informações a respeito de 2% da população do município, o que representa 759 questionários. Nesse sentido, serão auditadas as áreas urbanas que totalizam 67,4% do total da população. Pretende-se cobrir, assim, a maior parcela dos bairros.

Segundo o Plano Diretor do município, são 38 bairros subdivididos em nove áreas administrativas, a saber: Garrafão, Barreira, Monte Olivete, Corujas, Caneca Fina, Limoeiro, Cachoeiras, Espinhaço, Parque Silvestre, Iconha, Niterói, Centro, Paiol, Freixal, Jequitibá, Cantagalo, Cascata, Teixeira, Quinta Mariana, Bananal, Parada Modelo, Parque Santa Eugênia, Sertão, Gleba Azul, Jardim Guapimirim, Parada Ideal, Citrolândia, Marília, Cordovil, Vale das Pedrinhas, Vila Olímpia, Várzea Alegre, Paraíso, Ouro, Orindi, Cotia, Segredo e Granja Cadete Fabres.

A aplicação dos questionários

Como base operacional de apoio elegeu-se o Colégio Estadual Alcindo Guanabara, localizado na Rua Joaquim Coelho, 139 — Centro, onde foi iniciada a aplicação dos questionários.

Método

Foi utilizado o método da geografia da percepção, visando conhecer o espaço vivido pela população local, ou seja, como as pessoas percebem seu espaço geográfico.

Análise dos questionários

Essa fase busca informações que possibilitem futuramente implementar empregos ecológicos no município em questão; para isso, foram feitos levantamentos de campo por meio de questionários cobrindo a maioria dos bairros do município de Guapimirim (RJ). Nesse sentido, ao conversar com as pessoas, procurou-se conhecer:

- a quantidade de pessoas empregadas e sua relação com a renda das famílias;
- a possibilidade de fixar as pessoas no próprio município por meio de empregos ecológicos;
- a informação da população em relação à questão ambiental;
- o interesse da maior parcela da comunidade quanto a empregos ligados à ecologia;
- a consciência ambiental da população em relação a seu lugar.

Observações importantes

1. Para as análises, observou-se a porcentagem representativa de cada item de acordo com as respostas da comunidade.
2. A região central foi subdividida em seis áreas distintas em virtude de sua grande extensão.
3. O planejamento inicial previa que a cobertura das áreas ocorreria em todo o município, incluindo as áreas rurais, porém problemas estruturais inviabilizaram o cumprimento desse objetivo. Só foram cobertas as áreas urbanas.
4. Os problemas estruturais relacionam-se ao próprio tempo hábil que respeite minimamente o cronograma inicial.

Outro fator de relevância foi a carência de estagiários, sobretudo nos primeiros seis meses de projeto, quando só havia um estagiário da UERJ e os membros do CEAG que são bolsistas do projeto Jovens Talentos — FAPERJ/CECIERJ. Agora o projeto conta com três estagiários bolsistas da UERJ e outros estagiários voluntários.

5. Os questionários foram aplicados à população urbana do município de Guapimirim a partir de seu centro. Sendo assim, eles abrangeram o município por círculos concêntricos, a partir da principal área comercial local. Graças a isso, muitas pessoas que responderam aos questionários não residiam nas áreas onde foram questionadas, o que fez com que nem sempre as análises observassem moradores locais, porém, em muitos casos, comerciantes e funcionários públicos, que, mesmo residindo em outras áreas, opinaram sobre a região em questão do seu município. É importante lembrar que a análise dos questionários apontou que esse município não possui migração pendular[11] em direção a Guapimirim. Sendo assim, mesmo que o entrevistado não resida na área, é cidadão local e, portanto, percebe seu município, e, em muitos casos, como trabalha na área em que foi entrevistado, já possui relação intrínseca com o espaço geográfico em questão. Esse lugar é parte de seu espaço vivido.

Obs.: A cada sub-região o questionário será adaptado à realidade geográfica.

---

[11] Pessoas que moram em outros municípios e que trabalham em Guapimirim.

Perguntas do questionário — Região Central

Bairro_____

Estagiário responsável_____

1. Qual é a sua idade?_____
2. Endereço_____
3. Estuda? Trabalha? Desde quando?_____
4. Mora com quem? (pessoas – idade)_____
5. Tem interesse em trabalhar no município?_____
6. O que você entende por ecologia?_____
7. Já ouviu falar em trabalhos ecológicos?_____
8. Qual trabalho ligado à ecologia melhor se adapta a seu bairro? Por quê?_____
   8.1. Turismo ecológico_____
   8.2. Reciclagem de lixo_____
   8.3. Hortas comunitárias_____
   8.4. Outros_____
9. Quais são os principais problemas ambientais de seu bairro?_____
10. Qual é a sua sugestão para ajudar seu bairro?_____

_____

Nas áreas periféricas, os questionários podem variar suas perguntas, adaptando-as às respectivas realidades locais.

Tabela de relações bairro/questionários

Área	Bairro	Questionário	Número Total de Questionários
Central — 1	Quinta Mariana, Centro, Cotia, Barreira, Dedo de Deus	1 ao 94	94
Central — 2	Paiol	95 ao 136	42
Central — 3	Limoeiro, Jardim Guapimirim, Jardim Paraíso, Quinta Rosângela	137 ao 162	26
Central — 4	Centro	163 ao 187[12]	25 (menos 4 questionários) 21
Central — 5	Centro — Vale do Jequitibá	188 ao 234	47
Central — 6	Vila Recreio — Vale Jequitibá — Vale do Rio — Paiol — Segredo	235 ao 289	55
Periférica	Iconha — Caneca Fina	291 ao 340	50
Periférica	Vale do Jequitibá	341 ao 401	61
Periférica	Limoeiro	402 ao 436	35
Periférica	Quinta Rosângela	437 ao 503	67
Periférica	Segredo	504 ao 524	21
Periférica	Cotia	525 ao 554	30
Periférica	Bananal	555 ao 629	75
Periférica	Parada Modelo	630 ao 699	70
Periférica	Santo Amaro	700 ao 727	28
Periférica	Vila Olímpia	728 ao 749	22

[12] Área 4 — Centro do 182 ao 185 não havia questionários respondidos.

Análise do questionário

Atenção — Em cada quadrante, o leitor encontra o número de questionários representativo das pessoas que preferiram o item específico e sua porcentagem no total de sua área.
À medida que avançamos nas análises, procuramos interconectar os itens.

1. Média de idade — Área Central

Idade do entrevistado	Número no Gráfico	Centro 1	Centro 2	Centro 3	Centro 4	Centro 5	Centro 6	Total
12-15 anos	1	6 6,3%	3 7,1%	2 7,7%	1 4,7%	4 8,5%	3 5,5%	19 6,7%
16-18 anos	2	7 7,4%	7 16,7%	7 27%	10 48,0%	4 8,5%	11 20,0%	46 16,1%
19-22 anos	3	10 10,6%	13 30,9%	11 42,3%	4 19,0%	6 12,8%	7 12,7%	51 17,9%
23-27 anos	4	9 9,6%	3 7,1%	2 7,7%	1 4,7%	6 12,8%	2 3,6%	23 8,0%
28-30 anos	5	8 8,5%	2 4,8%	1 2,4%	1 4,7%	3 6,4%	3 5,5%	18 6,3%
31-35 anos	6	11 11,7%	2 4,8%		1 4,7%	3 6,4%		17 5,9%
36-40 anos	7	8 8,5%	3 7,1%	2 7,7%		4 8,5%	6 10,9%	23 8,0%
41-45 anos	8	6 6,3%	4 9,5%		1 4,7%	3 6,4%	10 18,1%	24 8,4%
46-50 anos	9	6 6,3%	1 2,4 %	1 2,4%	1 4,7%	5 10,6%	4 7,2%	18 6,3%
51 ou mais	10	23 24,5%	4 9,5%		1 4,7%	9 19,1%	9 16,3%	46 16,1%
TOTAL		94	42	26	21	47	55	285

Área 1 — Porcentagem

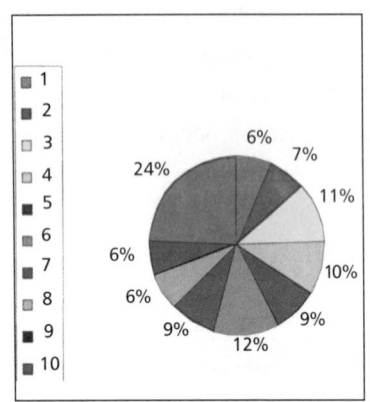

Área 2 — Porcentagem

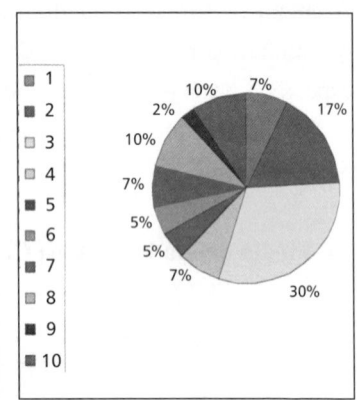

Área 3 — Porcentagem

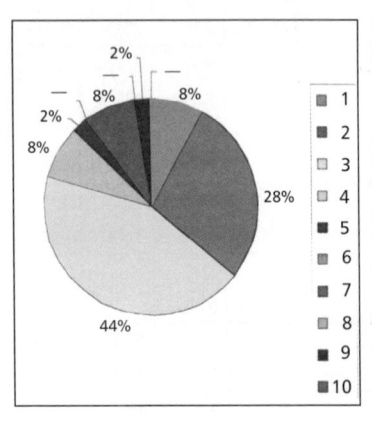

Área 4 — Porcentagem

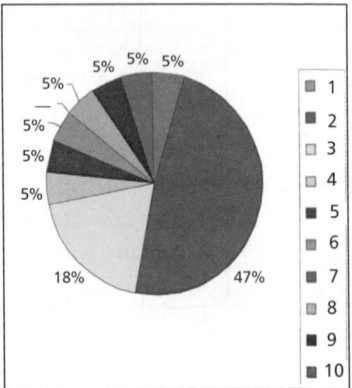

Área 5 — Porcentagem

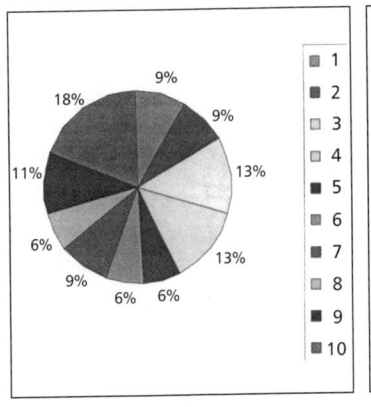

Área 6 — Porcentagem

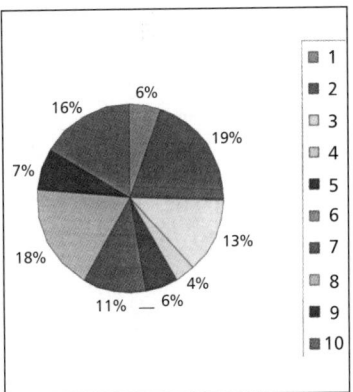

Área central total

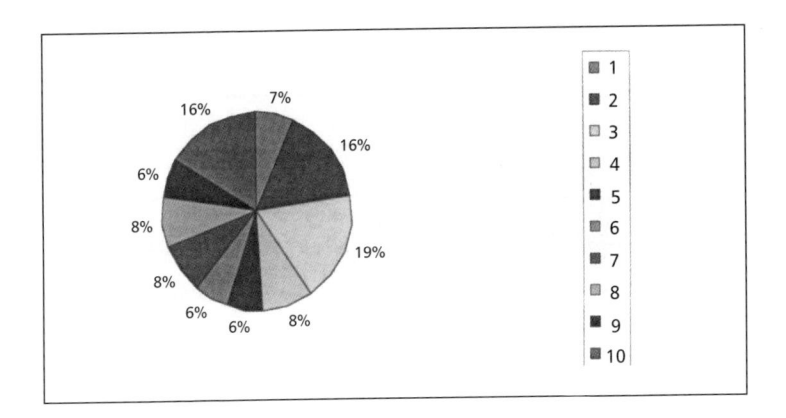

2. Empregado ou desempregado

Entrevistado	Número no Gráfico	Centro 1	Centro 2	Centro 3	Centro 4	Centro 5	Centro 6	Total
Empregado	1	50 53,2%	28 66,6%	13 50%	12 57,1%	35 74,5%	22 40%	160 56,1%
Desempregado	2	44 46,8%	14 33,3%	13 50%	9 42,9%	12 25,5%	33 60%	125 43,9%
TOTAL		94	42	26	21	47	55	285

Área 1

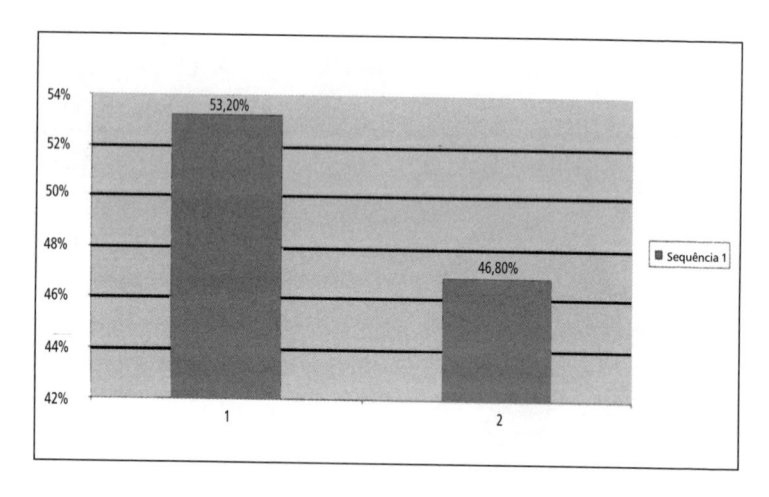

Área 2

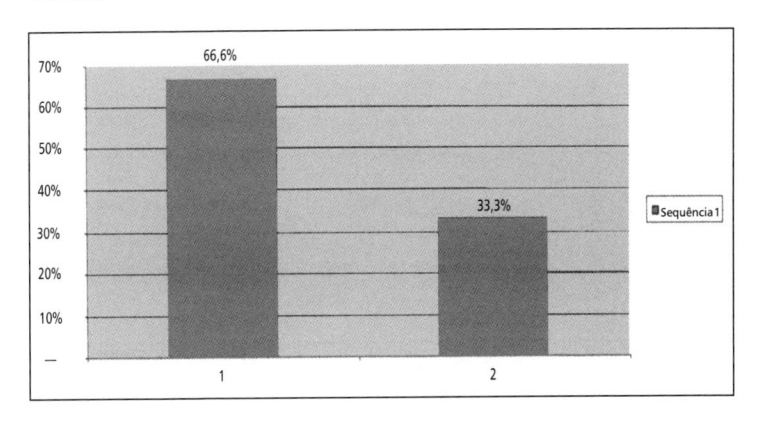

Área 3

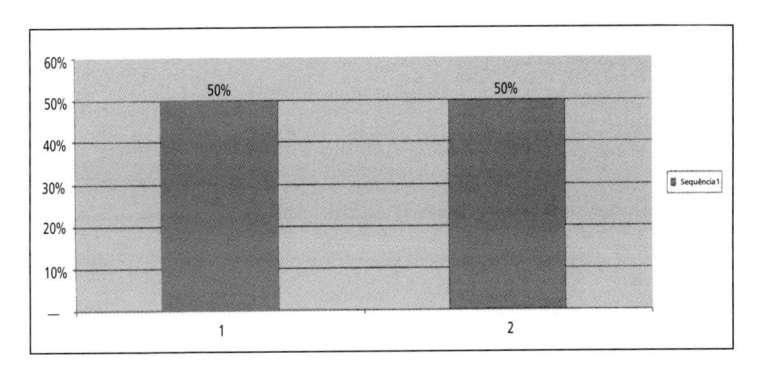

Área 4

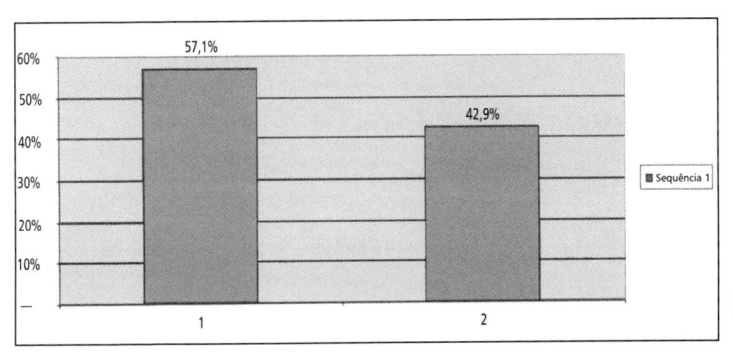

Área 5

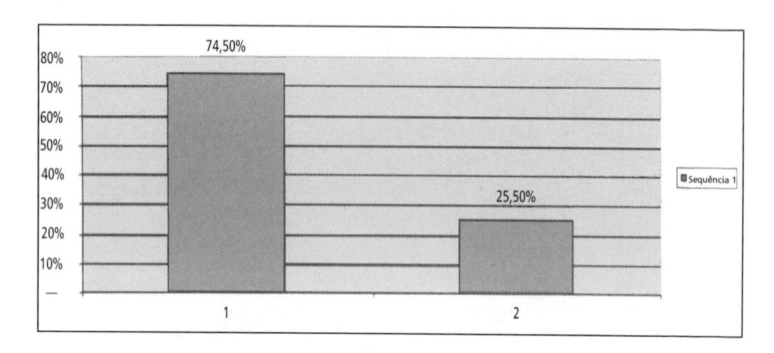

Área 6

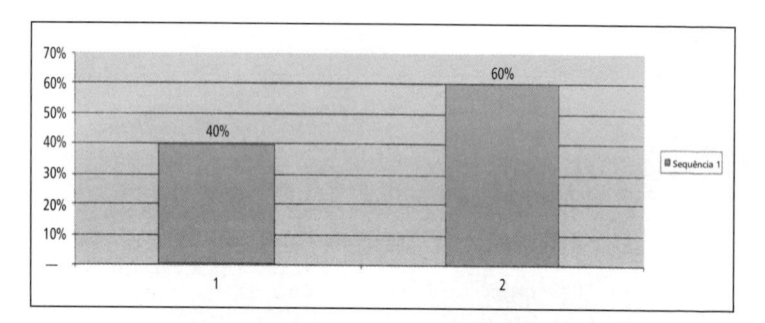

Área central total

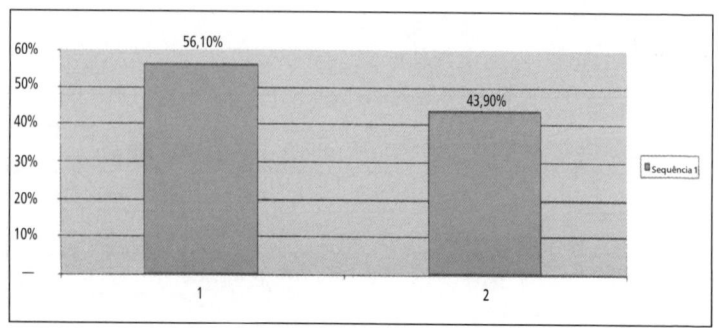

3. Quantidade de pessoas por família

	Número no Gráfico	Área 1	Área 2	Área 3	Área 4	Área 5	Área 6	Total
1-2	1	32 34%	12 28,6%	4 15,4%	7 33,3%	19 40,4%	17 30,9%	91 32%
3-4	2	50 53%	25 59,5%	15 57,7%	8 38%	20 42,5%	28 50,9%	146 51,2%
5-6	3	9 9,7%	5 11,9%	1 3,8%	3 14,3%	5 10,6%	6 10,9%	29 10,2%
6 ou mais	4	3 3,3%		1 3,8%	1 4,8%	2 4,2%	2 3,6%	9 3,1%
Resposta imprecisa[13]	5			5 19,2%	2 9,5%	1 2,1%	2 3,6%	10 3,5%
TOTAL		94	42	26	21	47	55	285

Área 1

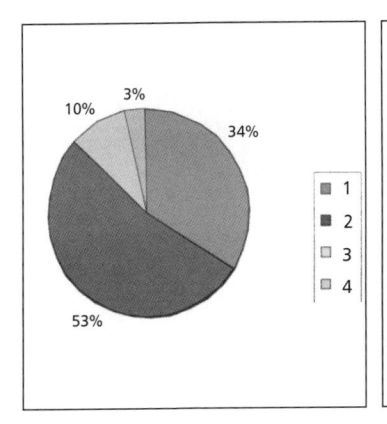

Área 2

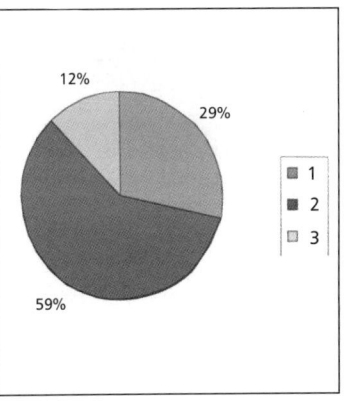

---

[13] Muitas vezes o entrevistado respondia apenas que morava com a família, sem informar a quantidade de pessoas.

Área 3

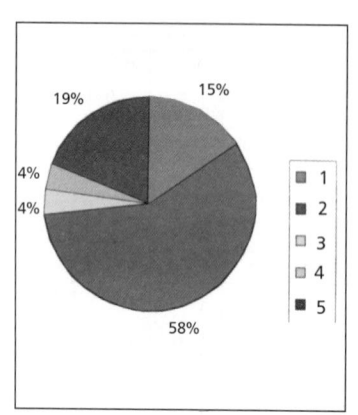

Área 4

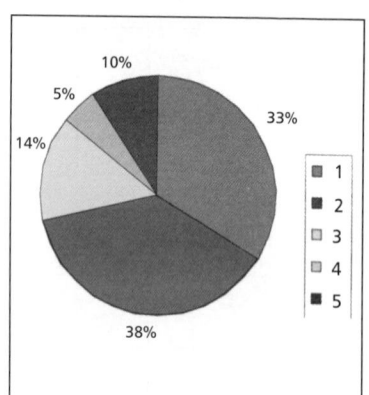

Área 5

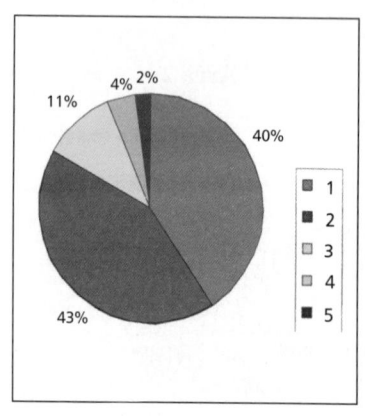

Área 6

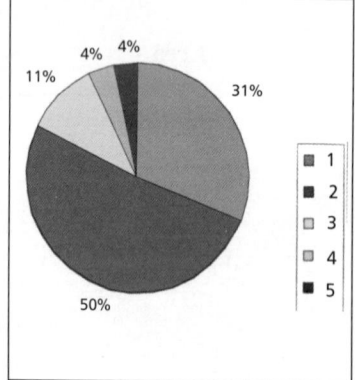

Área central total

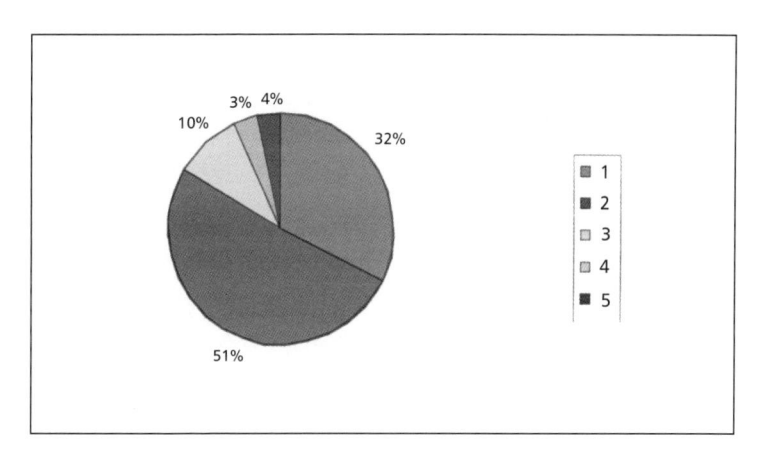

4. Porcentagem que se interessa em trabalhar no município

	Número no Gráfico	Área 1	Área 2	Área 3	Área 4	Área 5	Área 6	Total
Sim	1	68 72,3%	25 60,9%	17 65,4%	10 47,6%	29 61,7%	29 52,7%	178 62,7%
Não sabe	2	2 2,1%	3 7,3%			2 4,3%	1 1,8%	8 2,8%
Não	3	24 25,5%	13 31,7%	9 34,6%	11 52,4%	16 34%	25 45,4%	98 34,5%
TOTAL		94	41	26	21	47	55	284

Obs.: No item 2 falta uma resposta.

Área 1

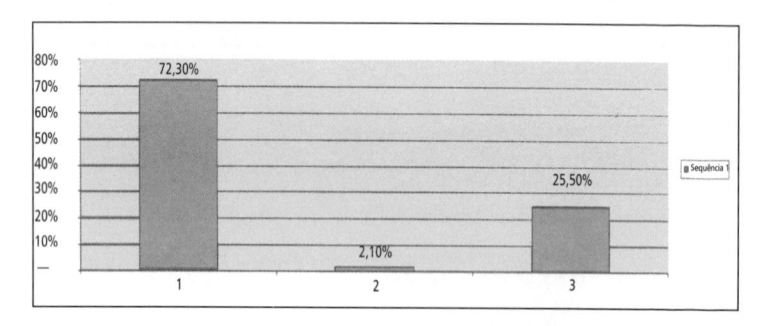

Área 2

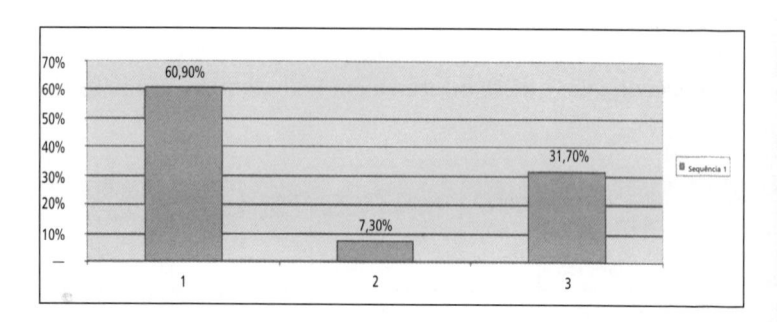

Área 3

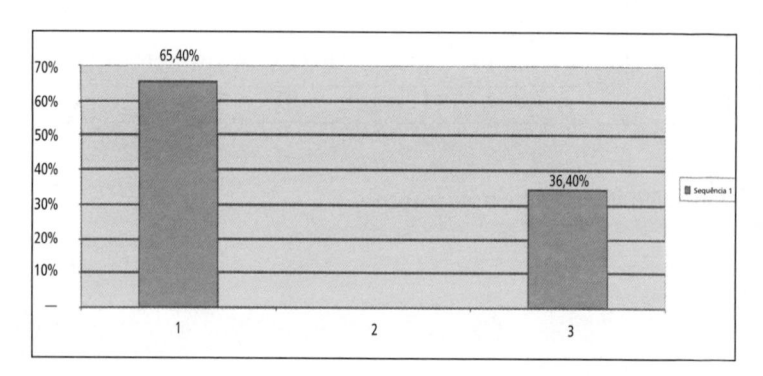

Área 4

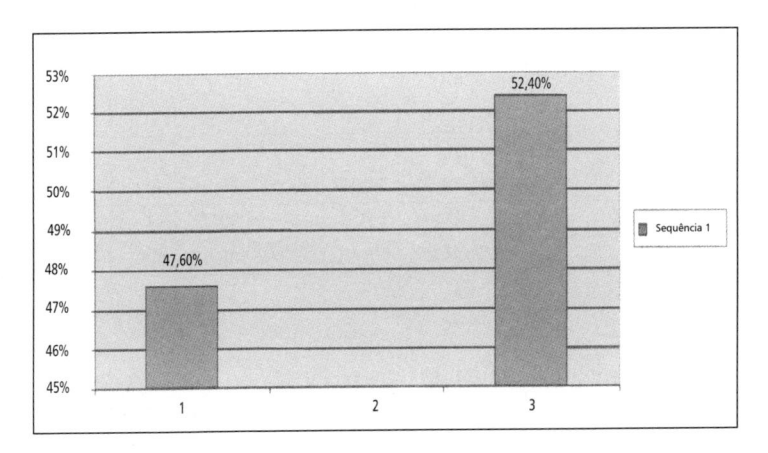

Área 5

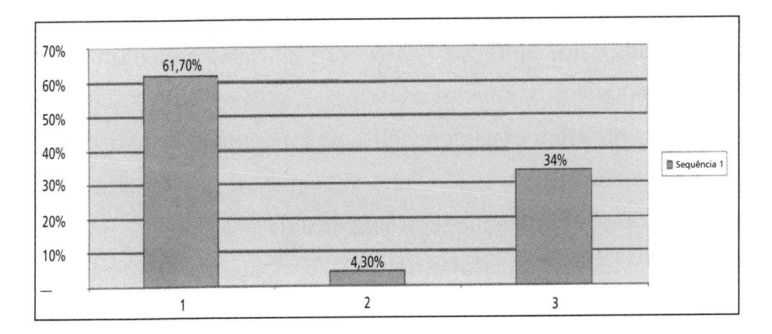

	Número no Gráfico	Área 1	Área 2	Área 3	Área 4	Área 5	Área 6	Total
Possui	1	4 4,3%	4 9,7%	2 7,6%		2 4,2%		12 4,2%
Relativa	2	59 62,7%	16 39%	9 34,6%	10 47,6%	23 48,9%	22 40%	139 49%
Não possui	4	31 2,9%	21 51,2%	15 57,8%	11 52,4%	22 46,8%	33 60%	133 46,8%
TOTAL		94	41	26	21	47	55	284

Obs.: No item 2 ficou faltando uma resposta.

Para analisar o item consciência ambiental, em virtude de sua abstração, foram considerados alguns critérios específicos que observaram mecanismos quantitativos e qualitativos:

1. Análise dos itens 6 e 7 tanto em seu aspecto quantitativo quanto qualitativo; assim, observamos as respostas e sua coerência.

2. Levou-se em consideração também como o entrevistado desenvolveu suas respostas. Como exemplos, o questionário 57 que discute a biodiversidade, a emissão de gases estufa, entre outras questões; o questionário 69 que menciona reeducação ambiental, conservação etc. Nesses casos, além da análise dos itens 6 e 7, verificamos que essas pessoas possuíam grau de cons-cientização superior ao normalmente encontrado na região central do município.

Alguns entrevistados responderam que literalmente nada entendiam, ou então que para ele era "mato" (questionário 61), ou que era apenas o conhecimento da cachoeira (63). Esses questio-nários foram classificados como de baixa ou, às vezes, de relativa consciência ambiental.

Em alguns casos, a população entendia que ecologia tinha a ver com turismo (por exemplo, o questionário 133), demonstrando que, mesmo sem maior consciência a respeito do tema, existe forte tendência de o turismo local se relacionar à preservação ambiental

Área 1   Área 2

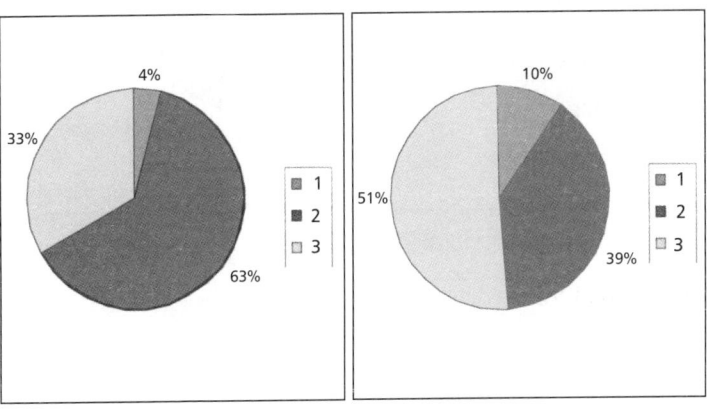

Área 3   Área 4

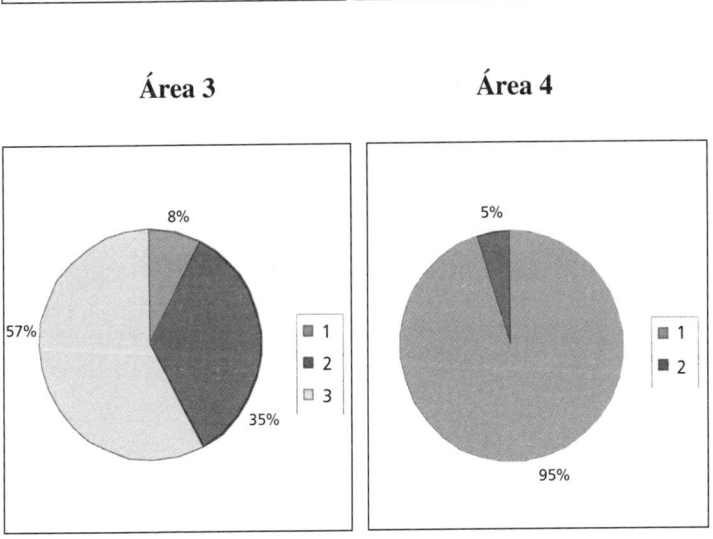

Área 5

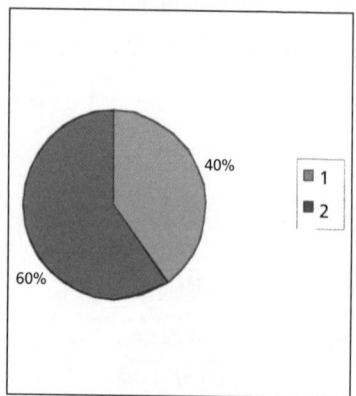

Área 6

Área central total

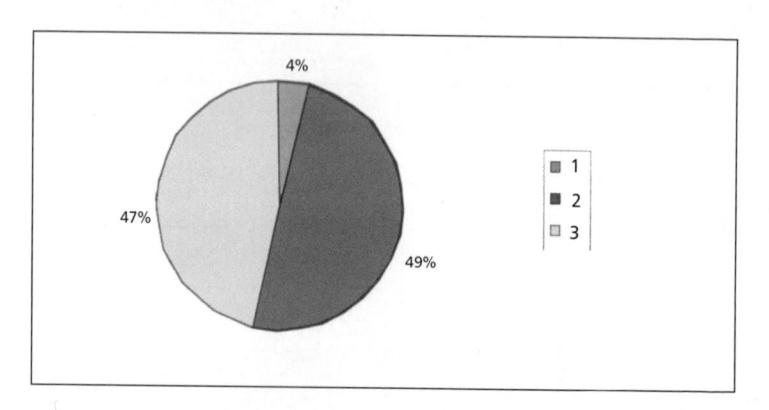

5. Que emprego ligado à ecologia interessa à maior parcela da comunidade

Tipo de Emprego Ecológico	Número no Gráfico	Central 1	Central 2	Central 3	Central 4	Central 5	Central 6	Total
Reciclagem de lixo	1	52 55,3%	21 50%	14 53,8%	10 47,7%	24 51%	32 58,1%	153 53,7%
Turismo ecológico	2	20 21,2%	17 40,5%	6 23%	9 42,8%	16 34%	9 16,4%	77 27%
Hortas comunitárias	3	13 13,8%	4 9,5%	4 15,5%	2 9,5%	5 10,5%	11 20%	39 13,7%
Outros	4	9 9,5%		2 7,7%		2 4,5%	3 5,5%	16 5,6%
TOTAL		94	42	26	21	47	55	285

Área 1

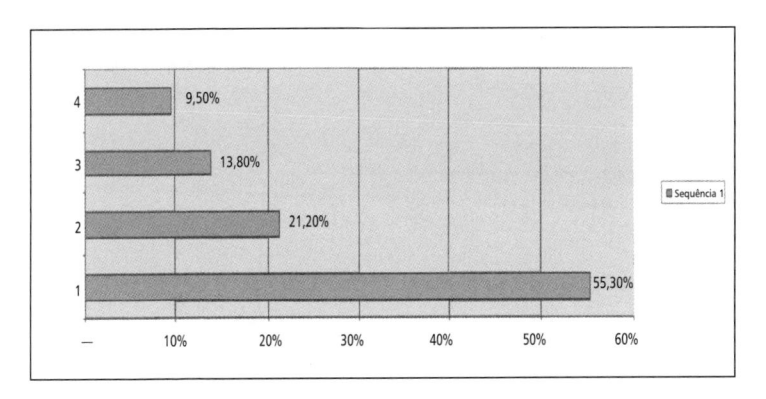

Área 2

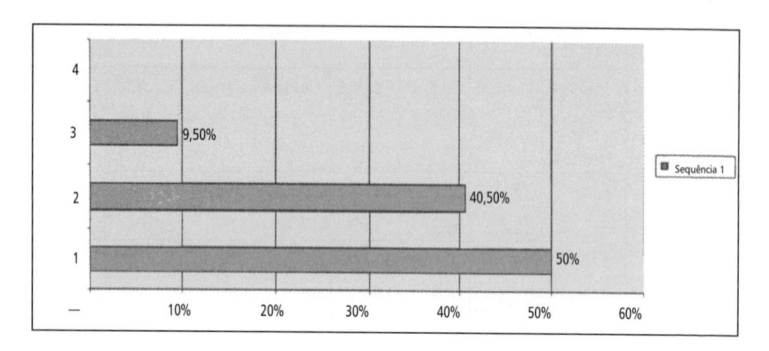

Área 3

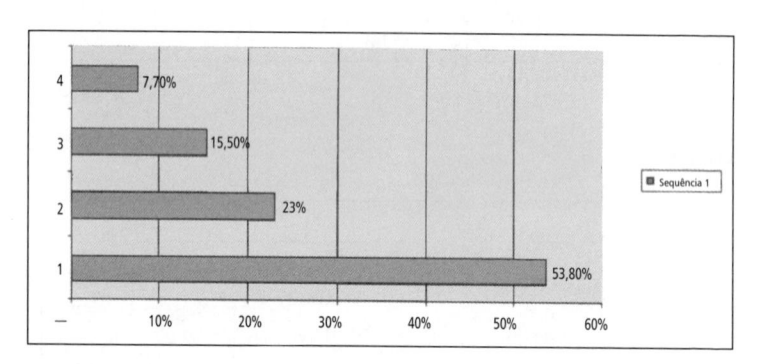

Área 4

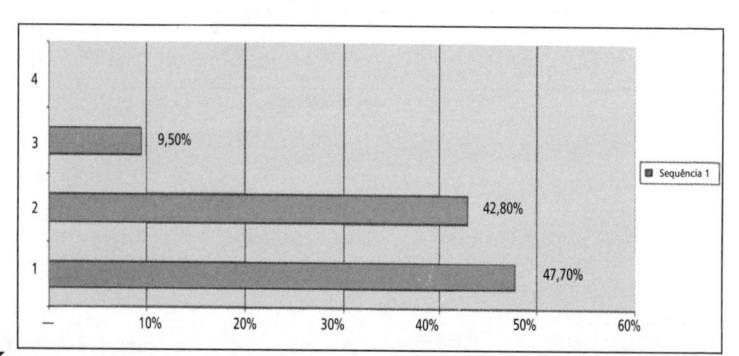

Área 5

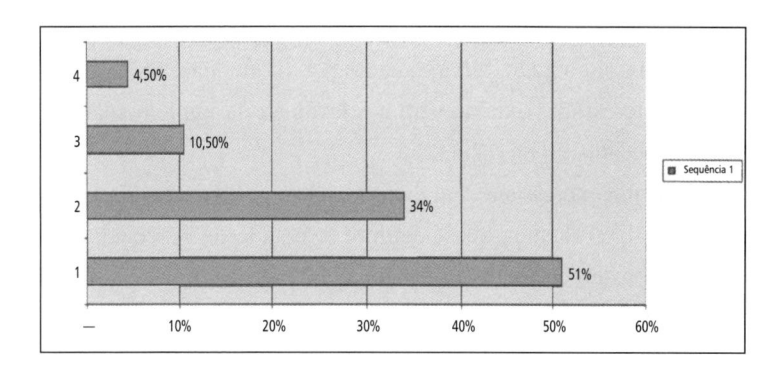

Área 6

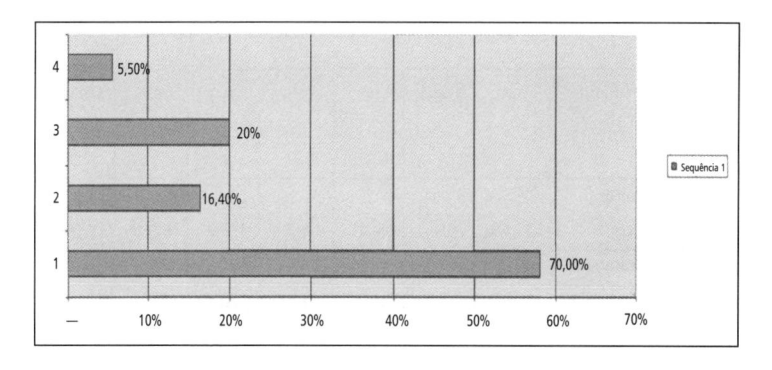

Área central total

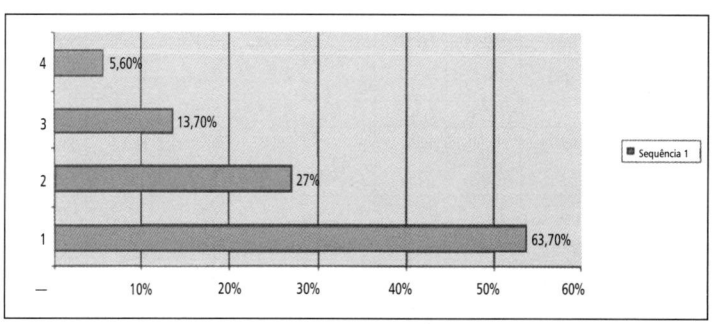

Comentário: A reciclagem de lixo torna-se elemento de fundamental importância na região central do município de Guapimirim para 53,7% da população local. A distância desse tema para o segundo mais apontado, turismo ecológico (com quase metade de pessoas interessadas), demonstra a relevância da implementação daquele mecanismo na região.

De forma interessante, em todas as sub-regiões o tema da reciclagem de lixo alcança quase sempre a metade da porcentagem total, demonstrando assim a importância desse mecanismo para a população.

6. Principal problema ambiental do bairro

Número no Gráfico	Problema	Área 1	Área 2	Área 3	Área 4	Área 5	Área 6	Total
1	Sujeira lixo	26 27,6%	8 19%	4 15,4%	3 14,2%	2 4,2%	8 14,6%	51 17,9%
2	Poluição industrial e outras	4 4,2%	2 4,7%	1 3,8%	3 14,2%	6 12,8%	5 9%	21 7,4%
3	Poluição de rios	22 23,4%	12 28,7%	8 30,8%	5 23,8%	14 29,8%	15 27,2%	76 26,6%
4	Desmatamento	7 7,4%	3 7,1%		3 14,2%	3 6,4%	2 3,6%	18 6,3%
5	Nenhum	14 15%	3 7,1%	2 7,7%	1 4,8%	4 8,5%	4 7,3%	28 9,8%
6	Esgoto	6 6,4%	5 12%	3 11,5%	3 14,2%	6 12,8%	6 11%	29 10,1%
7	Outros	15 16%	9 21,4%	8 30,8%	3 14,2%	12 25,5%	15 27,3%	62 21,7%
	TOTAL	94	42	26	21	47	55	285

Área 1

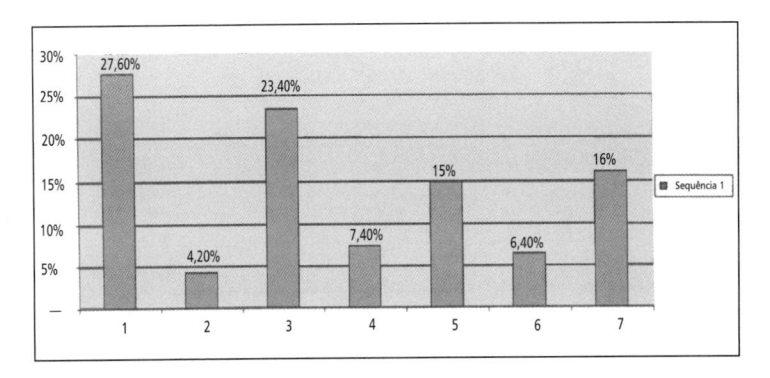

Área 2

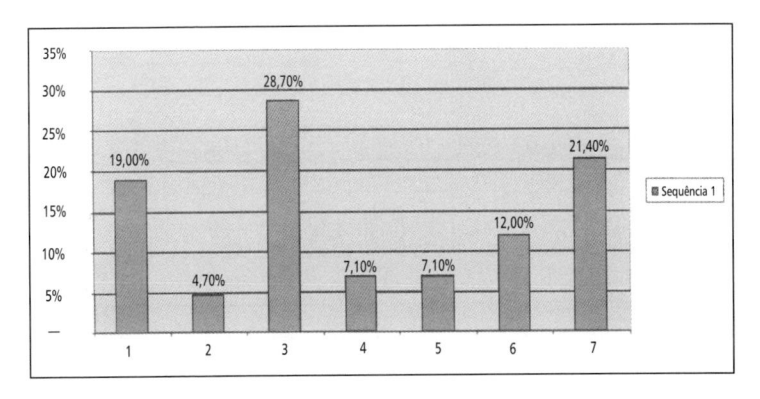

Área 3

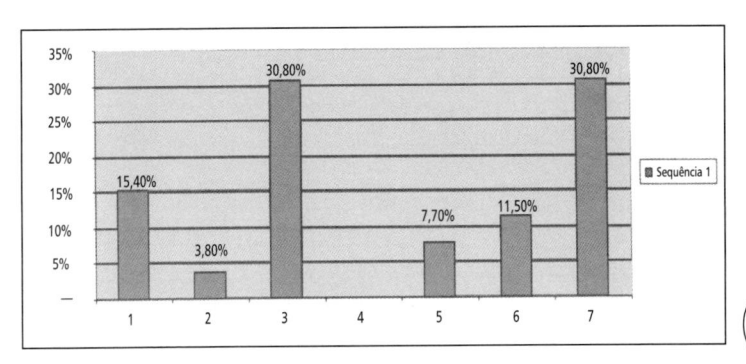

Área 4

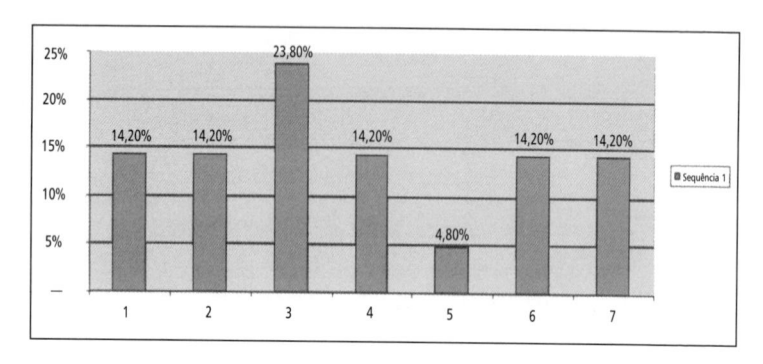

Área 5

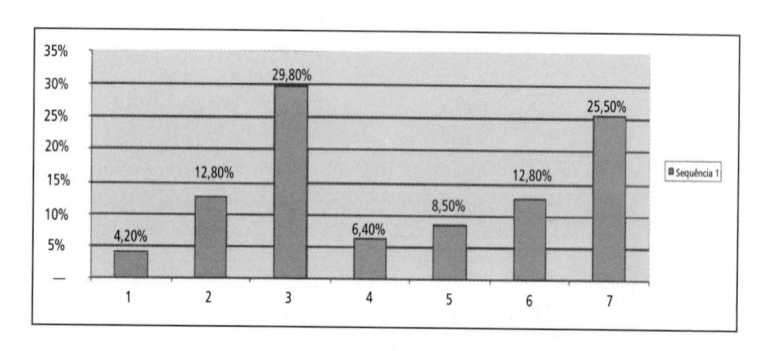

Área 6

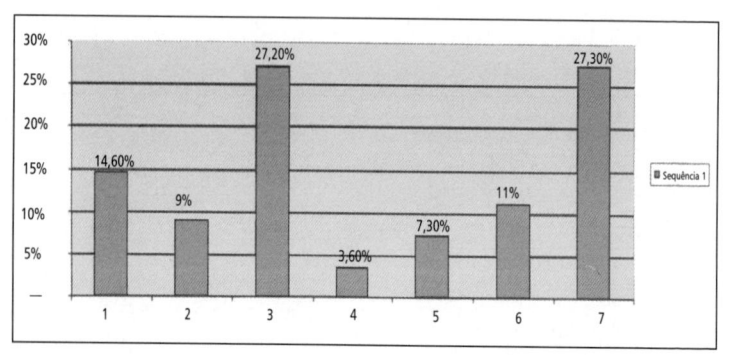

Área central total

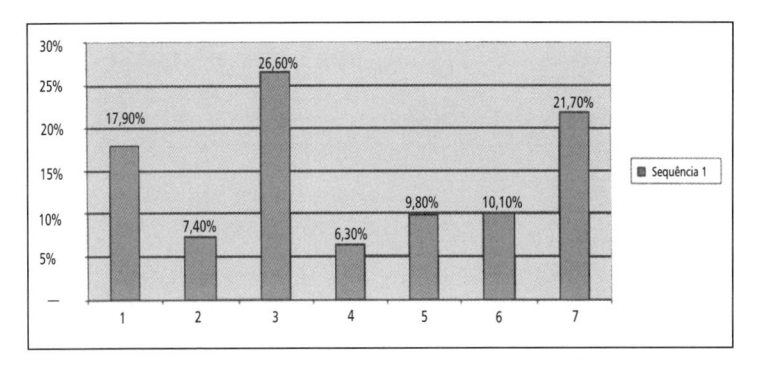

Comentário: A região central destaca a importância do cuidado com os rios locais, seja pela questão do esgoto, seja pela questão do lixo; elementos que se associam e se interconectam como, segundo a percepção dos habitantes, o principal problema local.

7. Sugestão para ajudar o bairro

Sugestão	Número no Gráfico	Área 1	Área 2	Área 3	Área 4	Área 5	Área 6	Total
Aumento da fiscalização		2 2,1%						2 0,7%
Retirada do lixo das ruas		24 25,5%	13 31%	2 7,7%	3 14,3%	7 14,8%	14 25,4%	63 22,1%
Tratamento de esgoto		9 9,6%	3 7,1%	2 7,7%		4 8,5%	4 7,3%	22 7,7%
Trabalho com lixo (reciclagem)		5 5,3%	1 2,4%		1 4,8%	2 4,3%	4 7,3%	13 4,6%
Consciência ambiental		9 9,6%	3 7,1%	5 19,2%	2 9,5%	3 6,4%	3 5,5%	25 8,7%
Limpeza dos rios		2 2,1%	4 9,5%	3 11,6%		2 4,3%	3 5,5%	14 4,9%
Outros		43 45,8%	18 42,9%	14 53,8%	15 71,4%	29 61,7%	27 49%	146 51,2%
TOTAL		94	42	26	21	47	55	285

Área 1

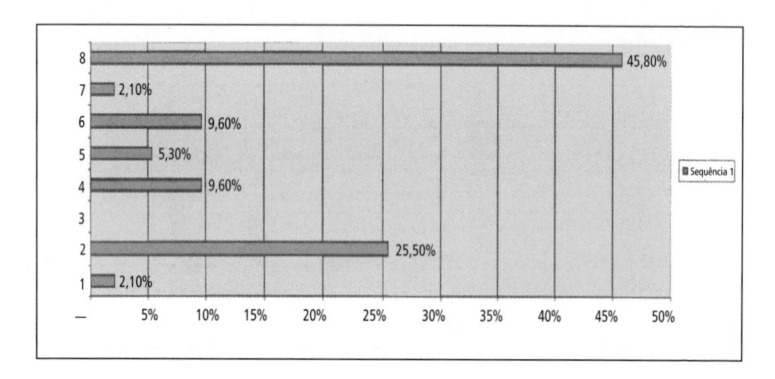

Área 2

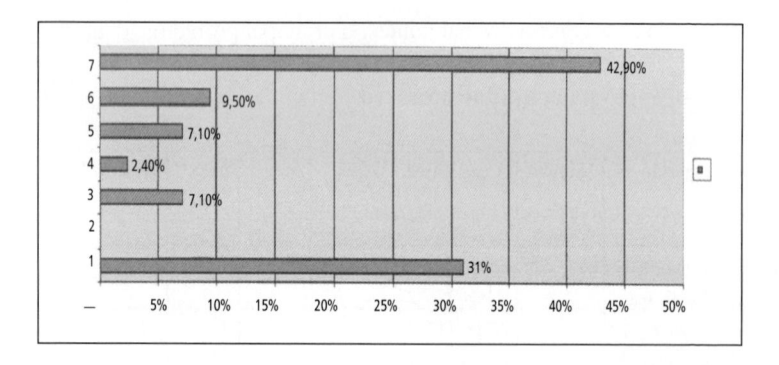

Área 3

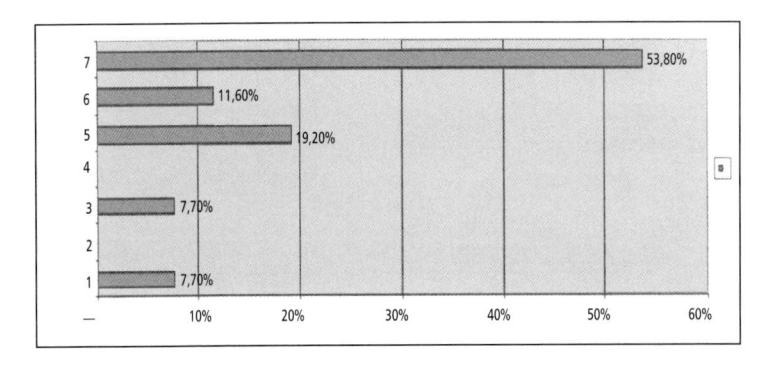

Área 4

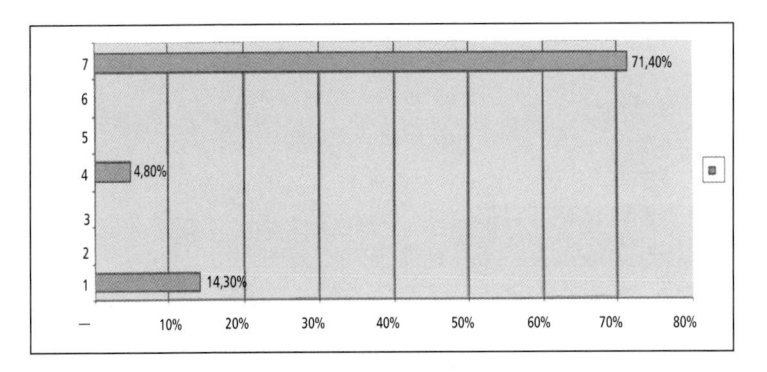

Área 5

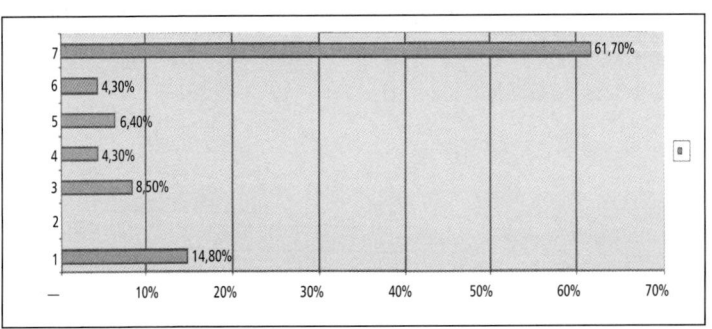

Área 6

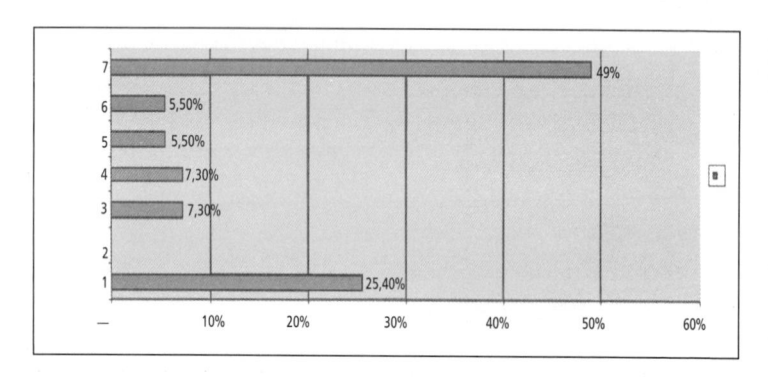

Área central total

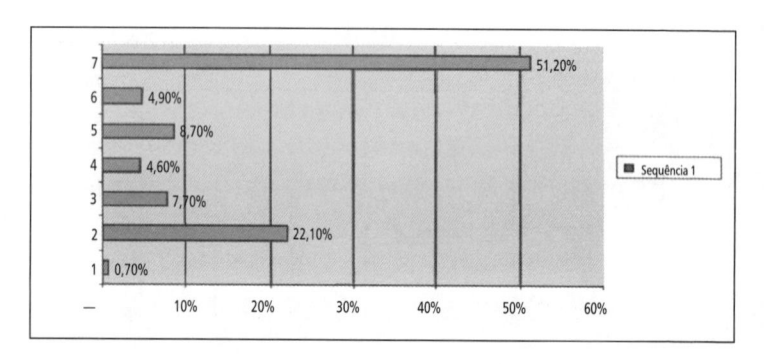

Comentário: Os itens Outros (51,2%) e Retirada do lixo das ruas (22,1%) apresentam grande discrepância em relação aos demais. Assim, corroborando o que já havia sido discutido, a questão do lixo é de fato fundamental, estando na base de problemas locais de saúde e sanitários.

5.2. Segunda fase

Análise dos processos de aceleração do desequilíbrio sistêmico

Essa fase busca conhecer empiricamente os principais problemas ambientais do município de Guapimirim. Nesse sentido, com base nos dados conhecidos pelas análises da primeira fase, uma equipe transdisciplinar formada por profissionais e estagiários irá fotografar e filmar esses processos visando utilizá-los nas próximas fases. Será mantida a metodologia dos círculos concêntricos a partir do centro do município em direção a sua periferia.

As fotos e as filmagens constituirão acervo permanente alocado no Colégio Estadual Alcindo Guanabara, e fundamentarão as aulas de educação ambiental geográfica (terceira fase).

Em paralelo, a análise somada aos dados desse material, obtidos na primeira fase, proporcionará elementos que vão fundamentar o curso profissionalizante e a implementação dos negócios ecológicos (quarta fase).

Objetivo geral dessa fase — Pretende-se desenvolver material permanente a respeito das áreas e dos processos de degradação ambiental do município de Guapimirim, analisar tecnicamente essas degradações e fornecer subsídios técnicos e jurídicos para embasar o conhecimento desses processos.

Criar acervo de informações e imagens socioambientais locais, observando as seguintes questões:
- filmagem e acervo de fotos de cada característica considerada relevante para a pesquisa;

- divulgação desse acervo pelo coordenador em suas palestras e cursos ministrados em congressos, seminários etc.;
- geração de base teórica para as linhas que nortearão as possibilidades de negócios ambientais nas comunidades.

Para consolidar os objetivos propostos, serão traçados caminhos específicos que nortearão a pesquisa.

A partir dos trabalhos de campo, os levantamentos socioambientais, as imagens e as fotos serão gradativamente encaminhados para os professores do Colégio Estadual Alcindo Guanabara e deverão servir a seus objetivos específicos, ou seja, constituirão acervo permanente de imagens socioambientais ali localizado e, eventualmente, poderá ser deslocado para palestras e exposições nas comunidades (associação de moradores etc.).

Funções do acervo

1. Curso profissionalizante de negócios ecológicos e de formação de coletivos de educação ambiental para os alunos do ensino médio do Colégio Estadual Alcindo Guanabara e para membros da comunidade (Guapimirim — RJ) a partir da realidade local.
2. Palestras para a comunidade sobre sua realidade socioambiental.
3. Criação de acervo permanente sobre a realidade socioambiental local.
4. Criação do alicerce teórico que embasará os projetos em negócios ambientais (reciclagem de lixo, turismo ecológico etc.) a partir das realidades locais.

228

5. Capacitação de jovens para o exercício de negócios ecológicos em etapa posterior ao projeto.

Resultados esperados

1. Capacitação de moradores para conhecer a realidade ecológico-social local.
2. Propagação dos levantamentos nas comunidades, seja por meio de imagens ou por palestras, objetivando sua inserção na realidade socioambiental atual.
3. Formação de acervo permanente de fotos e imagens da realidade socioambiental das áreas do município a ser localizado no Colégio Alcindo Guanabara.

5.3. Terceira fase

Curso de negócios ecológicos

Essa fase será dividida em duas etapas, e, ao fim do curso, os diplomas serão fornecidos pelo SR2 da UERJ.

Procura-se, assim, intervir diretamente junto à comunidade para a formação dos coletivos de educadores ambientais e capacitar seus membros para trabalhar com negócios ecológicos. As questões discutidas seguirão os dados referentes a áreas auditadas nas duas fases anteriores. Observa-se aqui que a educação ambiental geográfica ultrapassa a questão puramente do quadro natural, incluindo a cultura, a economia e outras questões pertinentes à relação sociedade-natureza.

Adaptação de questionários, levantamento das características ambientais, filmagens e fotos permitirão aos professores e bolsistas

montar o acervo local e preparar suas aulas e palestras (Terceira fase).

O curso[14]

O curso de negócios ecológicos (gestores ambientais e coletivos de educadores ambientais) será desenvolvido junto à comunidade buscando sua profissionalização ambiental.

5.4. Quarta fase

Implementação dos negócios ecológicos

A quarta fase observará a implementação dos negócios ecológicos a partir da formação de cooperativas de trabalhadores ambientais. Pretende-se implementar questões como usinas de reciclagem, entre outras coisas.

Nesse sentido, visa a estimular a criação de cooperativas por sub-regiões geográficas do município e integrá-las aos órgãos que possam patrocinar esse mecanismo entrando no mercado de ações socioambientais.

---

[14] Caso o leitor queira mais detalhes do curso, deve entrar em contato com a UERJ de Duque de Caxias (RJ).

Estagiários que participaram do projeto em Guapimirim

Estagiários da UERJ:

Lúcio Flávio da Fonseca (estagiário coordenador — bolsista em iniciação à docência)

Carlos Eduardo Lima do Nascimento (Kadu) (estagiário coordenador — monitor de ecologia política)

Zildete Silvino de Queiroz Escrevente (bolsista de extensão universitária)

Artur Rodrigues da Silveira Neto (estagiário voluntário)

Daniel Fernandes Franco Loures (Bomba) (estagiário voluntário)

Fábio Henrique Cortês Faria (estagiário voluntário)

Ingrid Beltron da Silva (estagiária voluntária)

Marcelo Rodrigues dos Santos (estagiário voluntário)

Vivian Pereira Mendonça (estagiária voluntária)

Estagiários do projeto Jovens Talentos (FAPERJ/CECIERJ):

Adauto Pereira da Silva Júnior

Anderson Alves Pereira Júnior

Amanda Pacheco Seixas

Carlos Alberto da Rocha Lima

Damiana Gomes da Silva

Edison de Aguiar Gonçalves

Elielson Soares da Fonseca

José Luiz Azevedo

Juliana Ribeiro Ventura

Wanderson Also Gomes Pimentel

CONCLUSÃO

"Embora ninguém possa voltar atrás e fazer um novo começo, qualquer um pode começar agora e fazer um novo fim."

Chico Xavier

A epígrafe demonstra que o passado, como Heráclito de Éfeso acreditava, não volta. Tudo aquilo que fizemos ao planeta deixando a marca do desequilíbrio já passou, não volta mais; porém, é a base do que ainda está por vir caso não alteremos agora nosso futuro.

A construção do amanhã depende essencialmente de como hoje nos posicionamos diante de nossa própria existência, de como lidamos com a realidade que vivemos.

Para repensarmos o planeta à luz do reequilíbrio sistêmico, devemos entender que muito já foi feito, gerando um possível patamar de desequilíbrio quase insustentável; não podemos esquecer isso. Nosso futuro, no entanto, dependerá de como tratamos nossas relações com o planeta Terra hoje; o que foi será apenas uma base que devemos alterar.

Aplicando as categorias de Milton Santos ao planeta, verificamos que a base da estrutura diz respeito a um planeta que possui em seu conjunto um espaço-tempo que alcança grandes velocidades de troca de seus sistemas ambientais e que, mesmo assim, mantém seu padrão de organização.

Nossas funções, em geral capitalistas, associam-se a processos que dinamizam e geram fluxos rápidos destinados à rentabilidade e à lucratividade de maneira exponencial.

A forma-conteúdo planetária se relaciona também ao modo como construímos nossa paisagem geográfica e como se verificam nossas ações em diferentes escalas.

Assim, buscar novas estruturas e, consequentemente, nova forma-conteúdo passa necessariamente por uma política ecológico-educacional que inverta nosso imaginário da realidade, cujos conceitos fundamentais devem ser repensados à luz das novas teorias advindas da mecânica quântica.

Ao que parece, caminhamos no sentido contrário ao que deve ser feito, acreditando que tanto o problema quanto sua solução são questões lineares; assim, imaginamos que os gases estufa são responsáveis pelo que chamamos de aquecimento global, assunto que verificamos de forma isolada e linear.

Os aumentos do nível do mar, da temperatura em meso e microclimas, das inundações e dos tufões inesperados constituem processos diretamente ligados ao clima, embora dependam de mecanismos em que diferentes variáveis são necessárias. Por isso, apesar de vinculados ao clima, são também elementos de relações sistêmicas que envolvem igualmente o homem e sua conduta.

Como pensamos que o espaço é absoluto e que, portanto, não sofre ações externas, entendemos o clima isolado, sem interconectividade com os outros sistemas. Ocorre que eles estão em constante e interconectada mutabilidade. O caminho percorrido pela flecha do tempo não se limita a um processo linear e contínuo, visto que descreve não linearidades, incertezas e imprevisibilidades.

Na construção do espaço-tempo de cada lugar, o que deve ser levado em consideração é a interconectividade geral de todos os sistemas que interagem formando a evolução, o amanhã.

Dessa maneira, não podemos esquecer que a cada período geológico-ecológico uma totalidade existiu e por totalização se desfez. A desordem, assim como Morin (1977) ensina, gera nova organização sistêmica que será sucedida por nova ordem. Evoluímos da desordem para a busca da nova ordem, e esse caminho descrito pela flecha do tempo constrói novas totalidades por constante evolução.

Somos impulsionadores de nossa própria desordem. Por isso, a importância de uma geoestratégia em que a sociedade e a natureza se façam irmanadas como de fato o são.

Assim, podemos alterar a dinâmica dessa desordem alcançando novos patamares de organização espaçotemporais que não prejudiquem tanto nossas relações de troca com o meio natural.

Para que isso ocorra, devemos entender que essa questão passa pelo nível da ideologia e da construção de um novo mundo sistêmico, que necessariamente deve ser democrático.

Por isso, não podemos mais aceitar uma sociedade na qual direitos, possibilidades e bens são privilégios de alguns; precisamos realmente repartir, doar, ensinar o que sabemos de melhor, reconstruir nosso(s) caminho(s) em busca da harmonia fraternal.

Quem mora na favela, quem mora na casa do subúrbio, na mansão, na encosta, todos somos um só no desenvolvimento quântico do futuro do planeta, pois em cada barraco que se dispõe à beira de um rio à espera da chuva tortuosa, em cada morada residem pessoas que são os agentes modificadores da dinâmica planetária.

Não são os grandes e burgueses congressos de líderes mundiais que podem salvar o planeta; quem pode alterar a provável e radical ruptura do meio ambiente é aquele menino que você despreza vendendo bala nos sinais, é o idoso que muitas vezes é relegado ao plano do descaso, é o trabalhador que dignifica sua existência com humildade e amor ao próximo.

Devemos educar quem precisa, permitindo assim que a oportunidade possa acontecer para todos. Afinal, somos um só no verdadeiro sentido do universo, que é o sentido quântico. Somos servos-senhores e construtores da evolução, independentemente de nossa classe social, cor e credo; somos os construtores do amanhã em cada ato, em cada gesto.

Quando entendemos que cada um de nós é um ser que potencialmente participa do desenvolvimento sistêmico do planeta, superamos nossa distância de nosso próximo e de nós mesmos, de nosso pan-óptico, de nossa caverna de Platão, de nossa *matrix* diária. Mesmo que hoje ainda não tenhamos verificado isso, não temos o direito de esquecer que amanhã é outro dia e que, nesse novo dia, o sol sempre nascerá iluminando a escuridão.

Para mudarmos o planeta, devemos acima de tudo reformular o que pensamos, como nos moldamos e retomar o que nos mostraram os grandes sábios, entendendo que a base de todo ensinamento é o amor, seja a si mesmo, seja ao próximo.

Construir o amanhã evitando a radical ruptura do meio ambiente passa, dessa forma, pela desconstrução do que erramos e pela construção de um novo sentido de se relacionar com tudo e com todos. Assim, por intermédio do médium Chico Xavier, embora ninguém possa voltar atrás e fazer um novo começo, qualquer um pode começar agora e fazer um novo fim.

Teste sua capacidade de mudar

DO/DA	PARA O/A
Lógico/racional cartesiano-newtoniano	Criativo/imaginativo
Linear/contínuo	Não linear/descontínuo
Conservadorismo/tradicionalismo	Perspectiva evolutiva
Conhecimento fechado e eterno	Aprendizagem/exploração
Certeza	Curiosidade

Consciente/cálculo	Intuição
Monotonia	Entusiasmo
Ego/competição	Abandono do ego/cooperação
Codependência	Interdependência
Gostar	Amar
Medo/terror/ansiedade	Confiança
Culpa	Autoaceitação
Suspeita	Confiança
Prazer autoconcentrado	Júbilo
Segredo/fechamento	Honestidade/franqueza
Competição	Cooperação
Discórdia	Harmonia
Escassez	Abundância
Cinismo/negativismo/suspeita	Otimismo/boa-fé
Centralização nos problemas	Centralização nas oportunidades
Possuir/obter	Compartilhar
Separação	União
Racismo/xenofobia	Aceitação das diferenças
Apego	Desapego
Repetição dos velhos padrões	Exploração das novas ideias
Proteção do passado	Criação do futuro criativo

(Baseado no livro *Ponto de ruptura e transformação*, de George Land e Beth Jarman. São Paulo: Cultrix, 1985.)

REFERÊNCIAS

ABREU, Maurício (2008). *Evolução urbana do Rio de Janeiro*. Rio de Janeiro: Prefeitura.

ARAUJO, LUIS CÉSAR (2009). *Organização, sistemas e métodos: tecnologias de gestão organizacional*. São Paulo: Atlas.

BACELAR, Tânia. (1999). Dinâmica regional brasileira nos anos 90. In: CASTRO, Iná E. (org.). *Redescobrindo o Brasil 500 anos depois*. Rio de Janeiro: Bertrand Brasil. p. 73-92.

BERNSTEIN, Jeremy (1973). *As ideias de Einstein*. São Paulo: Cultrix.

BERTALANFFY, Ludwig von (1968). *Teoria Geral dos Sistemas*. Petrópolis, RJ: Vozes.

BESSAT, Frédéric (2003). A mudança climática entre ciência, desafios e decisões: olhar geográfico. *Terra Livre*, ano 19, v. 1, n. 20, p. 11-26.

BOHM, David (1980). *A totalidade e a ordem implicada: uma nova percepção da realidade*. 10. ed. São Paulo: Cultrix.

CAMARGO, Luís Henrique Ramos de (1999). *O tempo, o caos e a criatividade ambiental: uma análise em ecologia profunda da natureza auto-organizadora*. Rio de Janeiro: Unesa. (Dissertação, Mestrado em Gestão Ambiental.)

———— (2002). *A geografia da complexidade: o encontro transdisciplinar da relação sociedade e natureza*. Rio de Janeiro: Bertrand Brasil.

———— (2003). Geografia, epistemologia e método da complexidade. *Sociedade e Natureza*, n. 26 a 29, p. 133-150.

———— (2005). *A ruptura do meio ambiente. Conhecendo as mudanças ambientais do planeta através de uma nova percepção de ciência: a geografia da complexidade*. Rio de Janeiro: Bertrand Brasil.

———— (2007). *Apostila de ecologia política*. Rio de Janeiro: Uerj.

———— (2009). Ordenamento territorial e complexidade: por uma reestruturação do espaço social. In: ALMEIDA, Flávio G. et. al. (orgs.). *Ordenamento territorial*. Rio de Janeiro: Bertrand Brasil.

CAPRA, Fritjof (1982). *O ponto de mutação: a ciência, a sociedade e a cultura emergente*. São Paulo: Cultrix.

———— (1983). *O Tao da física: um paralelo entre a física moderna e o misticismo oriental*. São Paulo: Cultrix.

———— (2002). *As conexões ocultas: ciência para uma vida sustentável*. São Paulo: Cultrix.

———— (1996). *A teia da vida: uma nova compreensão científica dos sistemas vivos*. São Paulo: Cultrix.

————; STEINDL-RAST, David (1991). *Pertencendo ao universo: explorando as fronteiras da ciência e da espiritualidade*. 10. ed. São Paulo: Cultrix.

CASINI, Paolo (1995). *Newton e a consciência europeia*. São Paulo: Editora Unesp.

CASTELLS, Manuel (1999). *A sociedade em rede: a era da informação: economia, sociedade e cultura*. São Paulo: Paz e Terra. v. 1.

CHRISTOFOLETTI, Antonio (1980). *Geomorfologia*. São Paulo: Blucher.

———— (1999). *Modelagem de sistemas ambientais*. São Paulo: Blucher.

CORRÊA, Roberto Lobato (2000). Espaço, um conceito-chave da geografia. In: CASTRO, Iná E. (org.). *Geografia: conceitos e temas*. Rio de Janeiro: Bertrand Brasil. p. 15-48.

DAVIES, Paul. (1999). *O enigma do tempo: a revolução iniciada por Einstein*. Rio de Janeiro: Ediouro.

DESCARTES, René (1987). O discurso do método. In: *Descartes*. 4. ed. São Paulo: Nova Cultural. p. 25-71. (Os Pensadores).

DOLLFUS, Olivier (1978). *O espaço geográfico*. Rio de Janeiro/São Paulo: Difel.

DREW, David (1994). *Processos interativos-homem/meio ambiente*. 3. ed. Rio de Janeiro: Bertrand Brasil.

FIEDLER-FERRARA, Nelson; CINTRA DO PRADO, Carmen P. (1995). *Caos: uma introdução*. São Paulo: ABDR.

GLEICK, James (1989). *Caos: a criação de uma nova ciência*. 8. ed. Rio de Janeiro: Campus.

GREGORY, K.J. (1992). *A natureza da geografia física*. Rio de Janeiro: Bertrand Brasil.

GUATTARI, Félix (2002). *As três ecologias*. Campinas, SP: Papirus.

GUERRA, Antonio José Teixeira; CAMARGO, Luís Henrique Ramos de (2007). A geografia da complexidade: aplicação das teorias da auto-organização ao espaço geográfico. In: VITTE, Antonio Carlos (org.). *Contribuição à história e à epistemologia da geografia*. Rio de Janeiro: Bertrand Brasil. p. 127-162.

———— et al. (2007). *Gestão ambiental de áreas degradadas*. Rio de Janeiro: Bertrand Brasil.

HARDT, M.; NEGRI, A. (2001). *Império*. Rio de Janeiro: Record.

HARTSHORNE, Richard (1978). *Propósitos e natureza da geografia*. São Paulo: Hucitec.

HAWKING, Stephen (1988). *Uma breve história do tempo: do Big Bang aos buracos negros*. São Paulo: Círculo do Livro.

———— (2001). *O universo numa casca de noz*. São Paulo: Mandarim.

KOSIK, Karel (2002). *A dialética do concreto*. Rio de Janeiro: Paz e Terra.

KUHN, Thomas (1975). *A estrutura das revoluções científicas*. São Paulo: Perspectiva.

LAO-TSÉ (600 a.C.) (2004). *Tao Te Ching: o livro que revela Deus*. São Paulo: Martin Claret.

LATOUCHE, Serge (1994). *A ocidentalização do mundo*. Petrópolis, RJ: Vozes.

LORENZ, Edward N. (1996). *A essência do caos*. Brasília: Editora UnB.

MACIEL, Jarbas (1974). *Elementos da Teoria Geral dos Sistemas: a ciência que está revolucionando a administração e o planejamento na área do governo, dos negócios, na indústria e na solução dos problemas humanos*. Petrópolis, RJ: Vozes.

MARTINS, Celso (1985). *Biogeografia e ecologia*. São Paulo: Nobel.

MASSEY, Doreen (2009). *Pelo espaço: uma nova política da espacialidade*. Rio de Janeiro: Bertrand Brasil.

MENDONÇA, Francisco (2003). Aquecimento global e saúde: uma perspectiva geográfica — notas introdutórias. *Terra Livre*, ano 19, v. 1, n. 20, p. 205-221.

MOREIRA, Ruy (1993). *O círculo e a espiral*. Rio de Janeiro: Obra Aberta.

MORIN, Edgard (1977). *O Método I: a natureza da natureza*. Portugal: Publicações Europa-América.

MOURÃO, Ronaldo R. de Freitas (1992). *Ecologia cósmica*. Rio de Janeiro: Francisco Alves.

NEWTON, Isaac (1987). Princípios matemáticos da filosofia natural. In: *Newton-Galileu*. São Paulo: Nova Cultural. p. 149-170. (Os Pensadores).

NUNES, Luci Hidalgo (2003). Repercussões globais, regionais e locais do aquecimento global. *Terra Livre*, ano 19, v. 1, n. 20, p. 101-110.

PACIORNIK, Newton (2003). Mudança global do clima: repercussões globais, regionais e locais. *Terra Livre*, ano 19, v. 1, n. 20, p. 127-136.

PRIGOGINE, Ilya (1993). *Les Lois du chaos*. France: Champs/Flammarion.

———— (1996). *O fim das certezas: tempo, caos e as leis da natureza*. São Paulo: Editora Unesp.

————; STENGERS, Isabelle (1984). *Order Out of Chaos: Man's New Dialogue with Nature*. New York: Bantom Books.

———— (1988). *Entre o tempo e a eternidade*. São Paulo: Companhia das Letras.

———— (1997). *A nova aliança: metamorfose da ciência*. Brasília: Editora UnB.

RAY, Christopher (1993). *Tempo, espaço e filosofia*. Campinas, SP: Papirus.

RUELLE, David (1993). *Acaso e caos*. São Paulo: Editora Unesp (biblioteca básica).

RUSSELL, Peter (1982). *O despertar da Terra: o cérebro global*. 10. ed. São Paulo: Cultrix.

SACHS, Ignacy (1993). *Estratégias para a transição para o século XXI: desenvolvimento e meio ambiente*. São Paulo: Studio Nobel/Fundação do Desenvolvimento Administrativo.

SALGADO-LABOURIAU, Maria Léa (1994). *História ecológica da Terra*. São Paulo: Blucher.

SANT'ANNA NETO, João Lima (2003). Da complexidade física do universo ao cotidiano da sociedade: mudança, variabilidade e ritmo climático. *Terra Livre*, ano 19, v. 1, n. 20, p. 50-62

SANTOS, Milton (1997). *A natureza do espaço: técnica e tempo, razão e emoção*. São Paulo: Hucitec.

———— (1997b). *Espaço & Método*. São Paulo: Nobel.

———— (1997c). *Pensando o espaço do homem*. São Paulo: Hucitec.

———— (2000). *Por uma outra globalização: do pensamentoúnico à consciência universal*. Rio de Janeiro: Record.

SAYER, Andrew (1979). Qualitattive Change in Human Geography. *Geoforum: Special Issue: Links Between The Natural and Social Sciences*. Oxford/New York/Frankfurt: Pergamon Press, v. 10, n. 1, p. 19-44.

SCHNEIDER, Stephen H. (1998). *Laboratório Terra: o jogo planetário que não podemos nos dar ao luxo de perder*. Rio de Janeiro: Rocco.

SCHURÉ, E. (2003). *Os grandes iniciados. Orfeu (5)*. São Paulo: Martin Claret.

SENADO FEDERAL (2008). O Protocolo de Quioto. Brasília.

SHELDRAKE, Rupert (1991). *O renascimento da natureza: o reflorescimento da ciência e de Deus*. 10. ed. São Paulo: Cultrix.

SMILGA, V. (1966). *A relatividade e o homem*. Lisboa: Editorial Presença.

SOJA, Edward W. (1993). *Geografias pós-modernas: a reafirmação do espaço na teoria social*. Rio de Janeiro: Jorge Zahar.

STEWART, Ian (1991). *Será que Deus joga dados? A nova matemática do caos*. Rio de Janeiro: Jorge Zahar.

SZAMOSI, Géza (1988). *Tempo & Espaço: as duas dimensões gêmeas*. Rio de Janeiro: Jorge Zahar.

TAVARES, Antônio Carlos (2004). Mudanças climáticas. In: VITTE, Antonio Carlos (org.). *Reflexões sobre a geografia física no Brasil*. Rio de Janeiro: Bertrand Brasil. p. 49-85.

VALVERDE, Orlando (1986). A Floresta Amazônica e o ecodesenvolvimento. *Terra Livre*, ano 1, n. 1, p. 39-42.

ZOHAR, Danah (1990). *O ser quântico: uma visão revolucionária da natureza humana e da consciência, baseada na nova física*. 7. ed. São Paulo: Best Seller.